从海绵城市到海绵机场

解密 北京大兴国际机场海绵建设

本书编委会组织编写
杨京生 刘京艳 等◎编著

中国建筑工业出版社

丛书编委会

本书编委会

主　　编：杨京生　刘京艳

副 主 编：孟瑞明　王路兵　葛惟江　郭树林

参编人员：武彦杰　何秋杭　盛加宝　王军锋　历　莉　王稹筠　席广朋　董家广　易　巍　黄　亮　赵　威　李冰天　徐军库　李晨曦　张　巍　张鸿燚　路海峰　姚忠举　邓　文　庞冬阳　罗荣娅　张　茵　邸　达　李　维　张　路　梁小田　宁培楠　郭钦利

序　一

北京大兴国际机场是习近平总书记亲自决策、亲自推动、亲自命名、亲自宣布投运的国家重大标志性工程，是践行“创新、协调、绿色、开放、共享”新发展理念的示范性工程，也是民航基础设施建设的代表性工程，是国家发展的一个新的动力源。北京大兴国际机场从规划、设计、建设到运营管理的全过程贯彻落实“精品、样板、平安、廉洁”四个工程和“平安、绿色、智慧、人文”四型机场理念，建设成为节约、环保、高效和人性化的绿色机场典范是北京大兴国际机场建设的重要目标之一。而海绵机场以保护机场生态环境、解决机场水资源与水环境为出发点，成为绿色机场建设的重要组成，为建设与自然融合的新型绿色机场提供了新思路。

2015 年，北京新机场建设指挥部联合北京市市政工程设计研究总院有限公司和中国民航机场建设集团有限公司依据“海绵城市”理念，开展了机场工程专项课题研究，首次提出“海绵机场”概念，并提出机场“水安全、水资源、水生态、水环境”四位一体的整体解决方案。坚持安全为重、因地制宜，坚持生态为本、自然循环，坚持规划引领、统筹推进，对全场水资源收集、处理、回用等统一规划，打造成为海绵机场样板。

2019 年 9 月 25 日北京大兴国际机场投运以来，机场海绵系统运行检验效果良好，不仅有效保障了机场的水安全，还降低了运行维护成本，提高了水资源利用效率，推动机场成为区域可持续发展与生态文明建设的重要节点。2020 年，作为国内首例引入海绵理念建成的机场，经王浩院士为首的专家团队认证，北京大兴国际机场海绵建设成果达到国际领先水平，具有推广应用价值，建议继续提炼总结经验，在民航领域内推广应用。

本书的出版，目的就是以北京大兴国际机场为案例，围绕海绵机场决策、规划、设计、建设、管控等方面，多层次、多角度系统总结北京大兴国际机场海绵建设经验及相关技术成果，为解决机场建设引起的“水安全、水资源、水生态、水环境”等问题提供借鉴。

北京新机场建设指挥部

序　二

在北京大兴国际机场开航两周年之际，总结北京大兴国际机场海绵城市设计实践，北京市政总院的设计师们精心设计、认真梳理，形成了书稿，希望能为今后的我国机场建设提供参考和借鉴。

我院自首都国际机场老机场开始，作为交通市政系统的主要设计单位参与了20世纪70年代T1航站楼、90年代T2航站楼、21世纪初T3航站楼等重大建设工程，全程见证了北京民用航空业蓬勃发展的历程。进入新时代，建设北京大兴国际机场是党中央、国务院的重大战略决策部署，将大大促进京津冀区域经济的协同发展。北京大兴国际机场是目前全世界最受瞩目的民用机场，我院能再次参与其规划设计工作深感荣幸和责任重大。

对比首都国际机场老专机楼、T1/T2航站区场址较为安全的防洪排涝自然条件，北京大兴国际机场场址被选定于永定河蓄滞洪区内，是典型的内涝风险较大的“水敏感”地区。这样的场址决策包含了平衡北京城市发展与航空业发展用地需求等多重因素，势必在极端天气频发、内涝风险严重加剧的大气候环境下，要求机场规划设计者有更高的智慧、更好的技术解决方案，以确保机场建设运行的绝对安全。

2013年12月中央城镇化工作会议上，提出要“建设自然积存、自然渗透、自然净化的海绵城市”的要求，以应对日趋更复杂的城市水系统安全、绿色发展的需要。在此后数年来的城市水系统规划设计中，我院积极落实海绵城市建设的新发展理念，取得了一定的实践成果。

因此，在参与北京大兴国际机场规划设计之初，我院就提出“从海绵城市到海绵机场”的规划思路，建议将国内“海绵城市”工程实践和科研先进成果转化，贯穿应用于机场建设全过程及全生命运营周期中。这个提议得到北京新机场建设指挥部领导大力的支持，我们和指挥部以及中国民航机场建设集团公司规划设计总院共同策划了相关的科研课题，开展了科技攻关，通过研究把海绵城市技术与机场航空港建设特征有机结合，形成了规划设计导则、标准、海绵技术措施、雨水数字管控平台等研究成果，对机场的建设、设计、施工及运营等需求主体起到了极为重要的指导作用。北京大兴国际机场开航安全运营这两年的实践也充分证明了水系统规划设计和科研成果的效果。

在长达三年的规划设计和科学研究过程中，项目组不仅研究采纳吸收了国内最新的理论、技术、实践成果，同时也对标学习国际最先进的机场建设经验，使研究成果达到了国际领先的水平。在开航两周年到来之际，将这些成果总结成文、汇总成册，纳入“从海绵城市到海绵机场”系列丛书的第一本——《解密北京大兴国际机场海绵建设》一书中，是对前阶段规划设计科研工作最好的肯定，也是为今后国内其他机场规划建设提供可参考的经验，对我国民航建设“平安、绿色、智慧、人文”的“四型机场”机场具有深远意义。

在北京大兴国际机场海绵机场建设、规划设计、研究工作中，北京新机场建设指挥部姚亚波总指挥、刘京艳副总指挥及指挥部等相关部门领导倾注了大量心血，中国工程院王浩院士和中国城市规划设计研究院、北京城市规划设计研究院、清华大学、北京建筑大学、北京工业大学等大批专家学者给予了重要的指导帮助，在研究成果即将出版之际，我们对领导专家们表示深深的谢意。也希望更多的专家和学者对首次海绵机场规划设计建设给予关注和批评指正。

全国工程勘察设计大师

北京市市政工程设计研究总院有限公司　总经理

張韵

前 言

改革开放40多年来，我国民用航空事业进入到高速发展时期。随着城市不断发展，城市建设的用地与新机场建设用地需求矛盾日益加剧，综合优选的新机场选址往往难以获得类似早先机场建设时所具有的良好场地建设条件。新机场建设若不进行特别考量，极有可能造成原有地区生态本底条件和水文特征的改变，从而具有引起环境破坏的风险。同时，在近年极端天气频发的条件下，以快排为主的传统雨水处理方式不仅增加机场内涝风险，也易导致雨水径流污染、水资源浪费、水生态恶化、水安全威胁等相关水环境问题。2018年，民航局发布《新时代民航强国建设行动纲要》，提出建设平安、绿色、智慧、人文的“四型机场”，实现民航高质量发展。此背景下，客观问题约束与时代潮流要求的冲突使得新机场建设面临的困难更加显著。“四型机场”建设需求下的机场雨水管理理念及方式亟待转变。

海绵城市（Sponge City）是基于城市水体愈加严重的“水少、水脏及水涝”等问题提出的一种实现自然积存、自然渗透、自然净化的城市雨洪动态管理解决方案。通过“渗、滞、蓄、净、用、排”组合方法，达到城镇化过程中城市水生态、水环境、水资源、水安全等多因素要求。现有新机场建设面临的水环境问题与之类似，故可借鉴成为我国“四型机场”建设的新理念来源。海绵城市的设计在美国（最佳管理措施BMPs、低影响开发LID）、英国（可持续城市排水系统SUDS）等发达国家机场也有较广泛的案例，这为打造“海绵机场”解决整体水环境问题提供了成熟的经验，从而促进机场区域最高限度地利用雨水资源，最低限度地影响环境。海绵机场建设过程中主要需解决机场因内部独立排水不畅造成内涝问题的情况下，实现雨水径流总量的有效控制，维持机场内水环境良好水质。

为满足北京地区航空运输增长需求，构建北京“一市多场”的长远格局，同时为促进京津冀区域经济协同发展，北京大兴国际机场选址于北京市正南方向，地处京津冀核心腹地，北京大兴国际机场的建设将有力支撑京津冀一体化协同发展大战略的有效实施。然而北京大兴国际机场选址位于永定河洪泛区内，整体地势较周边地区低，雨水难以自流排泄，且机场设施硬化占比较高，故北京大兴国际机场同样面临滞水内涝风险与面源径流污染等问题，是典型的“水敏感地区”。海绵机场的设计与建设为保障北京大兴国际机场运营安全、生态功能维系等方面提供了重要支撑。本书以北京大兴国际机场海绵机场建设为案例，通过梳理我国机场建设历程，结合未来发展定位，阐述海绵机场建设的起源与设计思路，系统介绍海绵机场的设计原则、控制策略、水管理模式、创新特点、智慧体系与总体效益等核心内容，以期为相关读者未来从事海绵机场建设设计提供参考与经验，为相关政策制定者、决策者和管理者提供有用和可靠的信息。

本书编纂过程中，主要由张韵、姚亚波、刘京艳进行统筹指导，第 1 章主要内容由刘京艳、王稹筠、徐军库编写完成，第 2 章主要内容由董家广、郭树林编写完成，第 3 章主要内容由杨京生、孟瑞明编写完成，第 4 章主要内容由席广朋编写完成，第 5 章主要内容由盛加宝编写完成，第 6 章主要内容由武彦杰编写完成，第 7 章主要内容由何秋杭编写完成，第 8 章主要内容由黄亮编写完成，全书由何秋杭统稿并由杨京生复核。本书的完成得到了北京市市政工程设计研究总院有限公司、北京大兴国际机场建设指挥部的大力协助和支持。在此，对以上为本书顺利完成付出宝贵心血的工作人员表示衷心感谢。

由于编者水平有限，对海绵机场建设的认知还不全面，编纂过程中难免存在错误与疏漏之处，恳请读者批评指正。

引　言

我国民航产业处在发展的关键时期，在新时代党和国家社会主义现代化强国建设战略视角下，民航机场建设提出平安、绿色、智慧、人文的“四型机场”未来发展目标。然而，当下适逢我国城市化快速扩张时期，新机场建设的用地需求矛盾日益加剧，机场选址易位于城郊低洼地区，整体水敏感性较高，防洪排涝系统面临巨大挑战。在当前机场高质量建设目标的背景下，客观问题约束与时代潮流需求的冲突，使得机场雨洪管理理念及方式亟待转变。

为解决雨洪管理中的突出矛盾，发达国家提出了新型雨洪管理模式，其典型代表包括美国的最佳管理措施（Best Management Practices，BMPs）、英国的可持续城市排水系统（Sustainable Urban Drainage System，SUDS）、澳大利亚的水敏感性城市设计（Water Sensitive Urban Design，WSUD）等。在借鉴国外先进理念和技术基础上，我国提出适合国情的新一代城市雨洪管理概念——海绵城市（Sponge City），同时也将海绵城市建设作为当前生态文明建设的重要内容之一。厦门、贵阳、重庆等试点城市相继运用低影响开发（Low Impact Development，LID）模式进行城市海绵系统的建设。随着海绵城市理念在我国城市建设中不断深入人心，民航机场的雨洪管理系统也深受启发，海绵机场建设逐渐提上日程。

基于海绵城市的基础原则，海绵机场下垫面建设需要具有吸水、蓄水、净水和释水的综合功能，不仅提高机场的排水防涝能力，还要削减机场径流污染负荷，降低场地开发影响，提高雨水资源化利用效率。以此为目标，海绵机场建设需要坚持安全为重、因地制宜，坚持生态为本、自然循环，坚持规划引领、统筹推进。通过机制建设、规划调控、设计落实、建设运行管理等全过程、多专业协调与管控，保护和利用机场场区内绿地、水系等空间，优先利用绿色基础设施，科学结合灰色雨水基础设施，共同构建弹性的雨水基础设施，补充径流生态净化基础设施，优化雨水资源收集利用设施，实现雨水“渗、滞、蓄、净、用、排”，以应对极端暴雨和气候变化，恢复机场场区内良性水文循环，保护并修复机场影响区域的生态系统。

北京大兴国际机场作为全球首例引入海绵理念的机场建设工程，成为我国海绵机场建设史上的重要里程碑。通过构建二级蓄排系统，场区全部雨水均可通过自然或人工强化的入渗、滞蓄、调蓄及收集回用等措施进行控制利用后排放，有力保障了北京大兴国际机场的水安全性。机场各汇水分区采用初期雨水净化系统和面源污染控制系统来满足场区雨水的自然积存、自然渗透、自然净化，进而缓解机场内涝和面源污染等水环境保护问题。机场作为城市的用水大户，在节约水资源、开发非传统水资源等方面责无旁贷，海绵机场则利用雨水资源回用系统和污水再生利用系统实现场区水资源的循环利用。北京大兴国际机场还构建了生态河线景观系统和生态调蓄系统，从而拓展了机场在区域水生态维持与修复方面的功能，促进海绵机场成为区域可持续发展与生态文明建设的重要节点。

北京大兴国际机场在设计时便围绕智慧化、产业化、融合化、高端化实践海绵创新理念，借鉴国内外先进经验，提出智慧二级蓄排系统、航站区立体式海绵系统、工作区中枢型海绵系统和除冰液原位绿色处理系统等创新型海绵建设样板。智慧二级蓄排系统统筹雨水管渠与调蓄设施之间关系，解决机场内雨水无法自流排除等相关问题。而航站区立体式海绵系统则采用较低影响的渗透设施、存储设施、调节设施等，实现航站楼雨水的快速削减。航站楼主体采用断接雨水和引入周边绿地的设计策略，航站区周围则以透水砖、雨水调蓄池为主体建设，航站楼内部以完备的水循环系统保证航站楼水资源的循环利用。工作区中枢型海绵系统包括便携式一体化花箱形制的机场高架桥雨水管控系统，雨水径流控制的市政道路及停车场、中心绿廊景观、工作区绿地周边雨水调蓄设施等。除冰液原位绿色处理系统借鉴希斯罗、苏黎世等著名国际机场案例，创新地利用海绵系统实现除冰液的原位存储与处理，出水符合环保要求可以直接排放。各部分海绵设施通过实时监测管道智能连接，确保基础海绵设施为机场雨洪水系统问题的科学智慧化管理提供硬件保障。

海绵机场中海绵系统硬件设施的高效稳定运转，离不开中枢软件系统的精细化控制与管理。北京大兴国际机场主要通过智慧雨水管理系统来保障机场海绵体系的一体化、高效化和资源节约化。智慧雨水管理系统凭借先进的雷达系统，实现雨水管理中心与机场局地气象雷达数据对接，对机场范围内各种规模的降雨进行预测与雨情监控，并对机场范围内的泵站、闸站、调蓄池、人工湖等海绵设施进行实时监视和预警控制，及时掌握机场管理范围内的关键数据。以此形成的数字雨水管理系统，通过对各泵站的集中化监视、排水模型的建立、实时降雨雨型的计算、雨情汛情的实时分析等工作，在管理人员专业分析的辅助下，最终以数据、曲线、报表等直观结果，支持中枢管理层建立科学的决策，对突发事件实现快速感知、合理分析、有效判断，全面提升管理层的决策分析能力。基于智慧雨水管理系统对各个设施的协调管控，实现对雨情的实时高效响应，最终保障机场建设区域内雨水控制率达到 85%，机场年径流总污染削减达 68% 以上，全方位促进海绵系统为“绿色机场”建设提供基础支撑。

最后，本书力求通过直观的图片、翔实的文字，帮助读者通过北京大兴国际机场海绵机场建设的案例，由浅入深地了解我国海绵机场建设的起源与发展，总结理论与实践的经验，在设计过程真实参数的基础上，加深对于海绵理念和海绵机场建设的清晰认识，辨析“绿色、生态、安全、智慧”目标下海绵机场的内涵与外延。衷心希望能与本书的读者见字如面，共同完善和创新我国海绵机场的建设模式与改进方向，最终实现新时代机场的社会、经济、环境效益最大化。

目　录

第 1 章

机场建设——前世今生

我国机场建设的发展脉络

国内外先进机场建设经验

未来机场建设发展之路

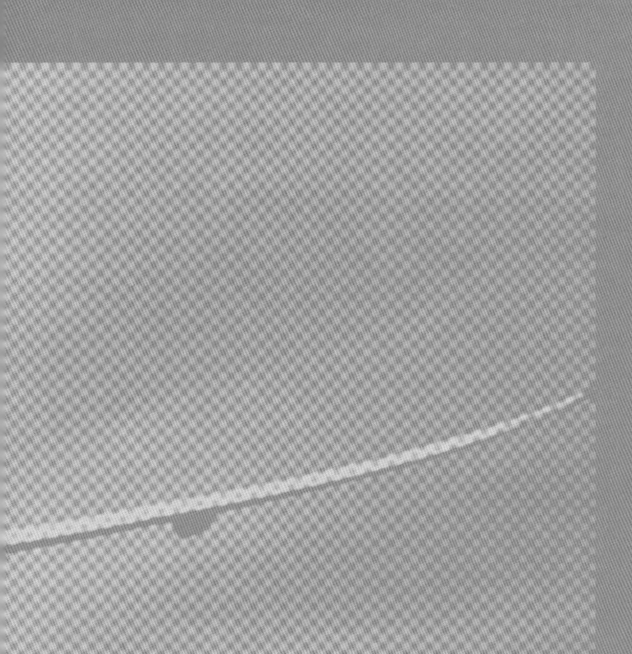

第 1 章　机场建设——前世今生

1.1　我国机场建设的发展脉络

1903 年 12 月 17 日，伴随着莱特兄弟“飞行者”号试飞的成功，美国北卡罗来纳州基蒂·霍克附近的海滩成为世界上的第一个“机场”。从此，机场作为飞机起降的栖息地开始了其从小到大、由简单及复杂、自单一功能至多元功能的发展历程。

中华人民共和国成立 70 年来，特别是改革开放 40 多年来，航空运输的迅猛发展极大地加快了民用机场的建设步伐，在机场数量增加的同时，机场的体量规模、功能设施、技术装备、质量标准等各方面都有了质的飞跃，多个大机场的设施及航空业务量均已达到国际一流水平。

目前，我国机场及其建设正处于转型之中，不仅要由量的积累转向质的飞跃，从点的突破转向系统能力的提升，还要加强拥有平安型、绿色型、智慧型、人文型特征的“四型机场”的建设。通过将“四型机场”相关的新理念、新技术、新方法、新标准、新产品有机整合，推动民航行业和交通运输行业的整体向新方向发展。

1.1.1　机场建设的起源及特征

1. 中华人民共和国成立以前——积极应对，缓慢发展

我国民用机场的发展起步较早。1910 年 8 月，清朝政府拨款委任留日归来的刘佐成、李宝竣在北京南苑修建厂棚、研制飞机、架设简易跑道，建成了中国第一个机场。1918 年，北洋政府交通部成立了“筹办航空事宜处”，这是中国最早的民用航空管理机构。1919 年至 1920 年，北洋政府先后开通了京沪航线（图 1-1.）京津段及京济段，涌现了北京南苑、天津东局子、济南张庄、上海虹桥、上海龙华和沈阳东塔等一批民用机场，扩大了机场使用规模。1929 年中国航空公司和 1930 年欧亚航空公司的成立，标志着全国主要大城市均开辟了航线，建立了机场体系，不过当时的机场大多只有简单的机库和候机楼。截至 1949 年 10 月中华人民共和国成立之前，中国大陆能用于航空运输的主要航线机场发展为 36 个，其中多为小型机场，设备也较为简陋。

图1–1　上海—北平航线（20世纪20年代）

图1–2　天津张贵庄机场航站楼

2. 中华人民共和国成立以后——走向正轨，欣欣向荣

1950年，天津张贵庄机场（图1–2）进行了改造，从而成为我国第一个规模较大的机场建设项目。1958年，首都机场的建成标志着新中国民航业从此有了一个设施较为完备的基地。从中华人民共和国成立初期开始，我们的机场建设者在缺乏技术资料和良好装备的条件下，不断摸索经验，边学习边建设，紧紧抓住机场建设的功能要求，按照实用、经济、美观的思路成功地建设了一批重要的机场，满足了当时国内航空交通运输的基本需求。

（1）规模成形期：20世纪六七十年代

从1950年后到1978年，受客观条件的影响，我国民航的发展相对比较缓慢，基本建设投资仅24亿元左右，年平均投资不足1亿元。这期间，我国先后新建、扩建了20多个机场（扩建后的北京首都国际机场如图1–3所示），使航班运行机场达到了70多个（其中军民合用机场36个）。但由于使用飞机机型小，故所建设的机场大多数为中小型机场。在这一时期，新建的航站楼与中华人民共和国成立前的航站楼相似，其功能与造型均较为单一。航站楼主要是为了解决乘客陆空换乘问题，所以多为一层或局部夹层设计，没有专门的候机厅，航站楼规模往往受限，一般在数千平方米到数万平方米不等。基于这一时期我国与苏联的特殊关系，所建航站楼的造型主要借鉴苏联的建筑风格，独属于我国的建筑形式还未形成。

（2）高速发展期：20世纪八九十年代

改革开放以后，中国民航事业加快了前进步伐，机场的发展也呈现出了前所未有的蓬勃生机。从1979年到1985年，全国新建了厦门高崎、北海福成、温州永强等多个机场，并对成都双流、海口大英山、桂林奇峰岭等机场进行了改造和扩建。1984年，历时十年的首都机场第二次扩建工程结束，扩建后的首都机场不仅成为一个坐拥两个卫星厅和航站楼的大型机场，也是我国第一个拥有两条跑道的民用机场（图1–4）。

“七五”到“九五”期间（1986年~2000年），为了适应国家改革开放和经济快速发展的需要，满足迅速增长的航空运输需求，民航确定了“集中力量、抓重点”的机场建设指导思想，并逐步拓宽了融资渠道，加大了投资力度，加快了机场建设步伐。机场建设在“八五”期间进入了高峰期。民航在基本建设投资122.07亿元、技术改造投资60.87亿元的背景下，

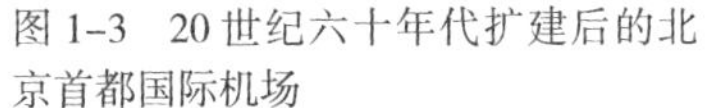

图 1-3　20 世纪六十年代扩建后的北京首都国际机场

图 1-4　20 世纪八十年代第二次扩建后的北京首都国际机场

陆续新建了 16 个机场，同时对 27 个机场进行了改造或扩建。到 1995 年末，有航班运营的机场达 139 个，其中能起降波音 747 飞机的有 14 个。“九五”期间是我国民用机场发展突飞猛进的时期。民航基本建设投资 680 亿元，技术改造投资 126 亿元，达到“八五”时期的 5.6 倍和 2.1 倍。在这一时期不仅新建 17 个机场，还改扩造了 35 个机场。其中，上海浦东机场的建成使我国第一次出现了“一市两场”的格局。在建设好重点工程的同时，我国还建设和改造了若干小型机场，改善了相关地区的航空运输基础设施条件，加快了当地的经济发展和改革开放步伐。

这一时期机场建设技术的水平获得了显著的进步，处理不良地基和机场道面的基础施工工艺趋于成熟，柔性道面技术在建设跑道道面上也获得了充分应用。同时，新建、改建、扩建的机场飞行区标准得到提高，基本与国际接轨使用机型加大，飞机安全运行条件得到改善。这不仅改变了我国民用机场建设较为落后的局面，也使我国机场的发展呈现出以下特点：

1）航站区的作用日渐明显

作为机场的重要组成部分，航站楼的设计水平得到提高，设计概念趋于多样化。航站楼内设施设备逐步现代化，保障了在航站楼内信息及时更新和运转、流程顺畅，同时也促进了航站楼营运管理和服务水平的提高。航站区的建设也体现了人与环境的要求，更加注重地域特征和文化内涵，并致力于融合当地传统建筑形式，以突出航站楼与城市之间的文化脉络。

2）与机场相关的设施开始逐步完善

机场引入自动化设施，解决了人工管理低效问题，同时，机场采用空中交通管制措施，实现由程序管制向雷达管制的过渡，构建了技术先进、可靠性高的民航通信系统，航路导航设施得到进一步完善。此外，我国机场还实现了与国际民航同步，规划并实施了新航行系统建设和自动化气象系统建设，从而提升了机场安全运行保障水平。

3）机场建设和发展更注重整体的统筹规划及合理布局

机场是社会公共交通运输体系中的一个重要组成部分，在区域社会经济发展进程中，已经成为跨越地理空间对外交流的重要门户，对促进地方产业结构调整、拉动地方经济发展发挥着越来越重要的作用。在部分经济发达地区，已经形成了以机场为中心、以民航运输业为基础的临空经济圈，成为带动地方社会经济快速发展的助推器。与航空公司不同的是，机场会占用较大规模的土地空间，通过机场、驻场企业和环绕机场兴建的经济实体等有机结合，机场地区成为当地经济社会不可分割的一个部分。

4）机场建设发展融资方式多样化

我国的机场建设发展融资以前一直由国家包揽，现在逐步转变为中央、地方及利用外资等多种渠道。融资方式的多样化不仅缓解了民用机场建设资金的紧张状况，推动了民用机场建设体制的改变，还促进了我国机场的整体发展，为日后民用机场的发展提供了宝贵的借鉴经验。

（3）稳定高速发展期：21 世纪

“十五”期间（2001 年 ~2005 年），民航基础设施建设投资超过 1100 亿元，主要用于将北京首都、上海浦东和广州新白云 3 个机场建设成为大型枢纽机场，完善干线机场，发展支线机场。到 2002 年底，我国通航机场数量已达到 143 个，其中能起降波音 747 飞机的有 24 个。2004 年通航的广州新白云国际机场是我国第一个按照枢纽概念设计的机场。2005 年，我国民用运输机场达到 135 个，旅客吞吐量达到 2.8 亿人次，货物吞吐量 633 万 t。

“十一五”期间（2006 年 ~2010 年），五年间我国共投资 2500 亿元进行基础设施建设，约为前 25 年民航建设资金之和。2010 年，运输机场达到 175 个，完成运输总周转量 538 亿 t、货邮运输量 563 万 t、旅客运输量 2.68 亿人次，其中航空运输旅客周转量在综合交通运输体系中的比例提升了 2.7%。五年间新增 33 个机场，覆盖了全国 91% 的经济总量、76% 的人口和 70% 的县级行政单元。旅客吞吐量超过 1000 万人次的机场数量达到 16 个。

“十二五”期间（2011 年 ~2015 年），我国初步建成了布局合理、功能完善、层次分明、安全高效的机场体系。随着节能减排的全面推进，新建机场垃圾无害化及污水处理率均达到 85%。2015 年，我国境内运输机场达到 210 个，其中定期航班通航机场 206 个，定期航班通航城市 204 个。旅客运输量 4.4 亿人次，货邮运输量 629 万 t，航空运输旅客周转量在综合交通运输体系中占 24.2%。五年间新增机场 60 多个、迁建 10 个、改扩建 90 多个，覆盖全国 94% 的经济总量、83% 的人口和 81% 的县级行政单元。“十二五”以来，我国民航发展质量稳步提升，安全水平世界领先，民航战略地位日益凸显，航空运输在综合交通运输体系中的地位不断提升，民航业与区域经济融合发展进程加快，民航国际影响力逐步扩大，民航行业管理能力不断提升。

“十三五”期间（2016 年 ~2020 年），我国进入到全面建成小康社会的决胜阶段，民航发展进入新的历史阶段，发展环境和任务要求都发生了新的变化，民航强国建设进入关键时期。到 2019 年底，我国境内运输机场达到 248 个，旅客运输量达 6.1 亿人次，货邮运输量 738 万 t，

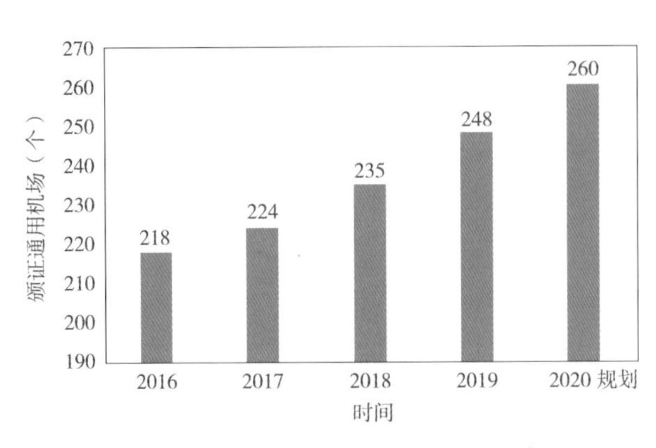

图 1-5　全国民用机场布局规划数量（2020 年）

航空运输旅客周转量在综合交通运输体系中占 25% 以上。近年来，我国已新增机场 30 多个、迁建 20 多个、改扩建 100 多个，覆盖全国 94% 以上的经济总量、83% 以上的人口和 81% 以上的县级行政单元。我国民用机场布局规划数量显著增加（图 1-5）。到 2019 年底，年旅客吞吐量 1000 万人次以上的机场达到 41 个。“十三五”时期“四个全面”战略布局和“五位一体”总体布局深入推进，创新、协调、绿色、开放、共享五大发展理念牢固树立，“十二五”期间的特点继续得到加强或优化提升，基本上构建起了国家综合机场体系的雏形（图 1-5）。

3. 近 10 年来中国机场发展的基本特征小结

回顾中国机场近 10 年的发展，大致有以下四个特点：

（1）机场建设速度逐渐加快

我国机场在运营规模和建设数量两方面呈现出“双增长”：一是跻身大型机场之列的机场数量强势增长；二是新增支线机场数量持续增长。2018 年，全国共有颁证机场已达 235 个，较 2012 年新增 52 个，平均每年新增约 8.67 个，远高于党的十八大召开之前四年的新增建设速度。机场业，作为交通运输服务的重要环节，无疑已得到长足发展，近 10 年旅客吞吐量的平均增长速度达到 12%，远高于经济增长速度，在积极应对金融危机所推行的财政政策期间（2008 年 ~2012 年），增长速度为 13.8%，明显高于后期的 10.9%。2018 年旅客吞吐量 100 万人次以上的机场数量，见表 1-1。

2018 年旅客吞吐量 100 万人次以上的机场数量（个）　　表 1-1

年旅客吞吐量	机场数量	比上年增加	吞吐量占全国比例
1000 万人次以上	37	5	83.6%
100~1000 万人次	58	6	12.7%

（2）市场集中度逐渐成熟

全世界发达国家的机场业集中度普遍较高，但在中国，发展的“二八原则”非常明显，且有推动集中度走高的迹象。2008 年，占机场客运总数排名前 20% 的机场大约为 31 个，其

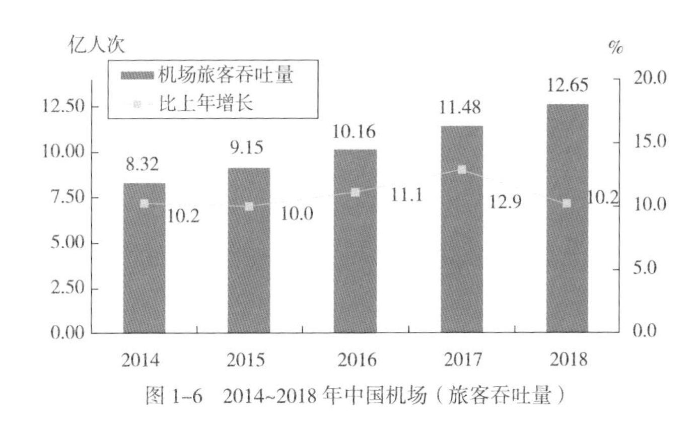

图 1-6　2014~2018 年中国机场（旅客吞吐量）

旅客吞吐量占全国总额的 83.6%。到 2012 年，前 20% 的机场数量为 36 个，市场份额达到了 88.6%。2018 年，前 20% 的机场数量达 47 个，市场份额却高达 89.3%，已然接近 90%。若再以千万级机场计算，2008 年、2012 年、2018 年千万级以上的机场数量分别是 10 个、21 个和 37 个，对应的机场数量比例分别是 6.4%、11.7% 和 15.7%，市场份额则分别是 56.9%、83.6% 和 88.4%。2014 年 ~2018 年中国机场情况，如图 1-6 所示。

（3）发展均衡性逐渐改善

根据表 1-2 数据，2018 年的机场旅客吞吐量等级结构较 2008 年发生明显变化，不仅千万级以上机场数量大幅增长，50 万 ~500 万等级的机场数量也出现大幅增长，占比由 2008 年的 21.7% 大幅提高到 2018 年的 31.3%，50 万等级以下的机场总数相差仅 112 个，但占比却由 2008 年的 65% 下降到 2018 年的 49%，这一现象有助于改善中小机场的发展困境。在区域结构上，机场发展东高西低的格局也在不断缓解，东部市场份额由 2008 年的 61.8% 下降到了 2018 年的 53.3%，对应的中部与西部的市场份额，分别由 2008 年的 9.3% 和 22.9% 上升到 2018 年的 11.1% 和 29.4%。

机场发展的均衡性对比表　　表 1-2

人次	2008 年	2012 年	2018 年
≥ 10000 万	—	—	1
≥ 1000 万，＜ 10000 万	10	21	36
≥ 500 万，＜ 1000 万	11	14	9
≥ 100 万，＜ 500 万	25	20	39
≥ 50 万，＜ 100 万	9	19	34
＜ 50 万	102	106	114
地区	2008 年	2012 年	2018 年
东北	6.0%	6.3%	6.2%
东部	61.8%	57.2%	53.3%
西部	22.9%	26.7%	29.4%
中部	9.3%	9.8%	11.1%

（4）机场航站楼建设水平提升

近20年来，国内民航机场航站楼设计水平有了质的飞跃。为了表达飞机的高速感和流畅感，在造型方面，航站楼建筑多以简洁、流畅和通透的空间特征，及可识别性的交通建筑特性为造型，采用优美的流线弧形曲面，并致力于与航站楼外部的开放空间与其内部功能布局相呼应。同时，航站楼设计也开始越来越多地强调地域文化的表达，注重智能化、人性化思考，为乘客带来宾至如归的享受。

1.1.2 机场规划体系沿革

1. 机场规划简介

机场系统规划是为建立一个符合地区需要、可行、综合的机场系统提供所需的全面、具体的政策、计划和方案，通常包括机场总体规划和控制性详细规划，并按时间顺序建设一系列机场，以满足该地区目前和将来的航空需求，促进该地区社会经济的全面发展。机场规划需要在平衡的、多种运输方式组合的系统中满足航空业的发展需求，以实现地区综合运输系统发展的总体目标。同时，通过多机场之间的分析与优化，各个单体机场的建设与发展也都符合地区航空运输业发展的总体目标。

机场总体规划是一套针对飞行和非飞行使用的整个机场地区以及机场邻近土地使用的方案，该方案满足航空要求，并能与环境、公共事业发展及其他形式的交通方式进行协调。涉及的方面包括：

（1）机场各项设施的发展规模；

（2）机场毗邻土地的使用；

（3）机场（建设、使用）对环境的影响；

（4）地面交通的方式、规模；

（5）经济可行性；

（6）财政可行性；

（7）各项设施的实施计划；

（8）确定机场的设施要求（现状调查、需求预测、需求—容量分析、设施安排和环境影响分析）；场址选择（空域、净空、环境影响、地质物理特性、航空业务需求点、出入机场的交通）；

（9）可利用的公共设施和土地价格；

（10）机场总平面图（机场布置总图、土地使用图、航站楼布置图和出入交通图）；

（11）经济分析与财政规划（经济可行性分析、财政规划）。通常，规划需要考虑如下的问题：

1）规划的系统性

所谓系统性，就是要求机场在其建设布局方面，除了要考虑国家和地方的规划，还要考虑综合交通体系发展与结构关系问题，更要考虑地区差异问题，尤其与“胡焕庸线”相差的经济、生态、气候与社会的差异问题。

2）调控的协调性

由于区域不同，人口密度、经济密度的差异可能较大，因此机场规划必须对区域发展的协调性、均衡性有所考量。

2. 机场规划的演变

中国民航机场从无到有、从小到大，经历了一个漫长的发展过程。机场不断适应建设环境并总结、发展了技术与规划体系，20 世纪五六十年代的候机楼与机场的规模一般都较小，规划设计侧重于体现候机楼的功能性要求，此外，建成区多以平房为主，机场所需的净空条件较少，因此机场选址也较为轻松。改革开放后，为适应对外经济文化交流，我国在机场建设的体制、布局规划、建设规模标准和设计手段等方面都有了很大变化，机场规划也随着国家、行业和地方的发展规划而建立。从 20 世纪 80 年代初新建首都机场航站楼开始，候机楼的设计逐渐从功能性向功能性与公用性相结合的方向发展，规模逐渐增大。进入 20 世纪 90 年代后，大型航站楼的建设更多地融入当地的文化，建筑美学方面也提出了更高的要求。20 世纪 90 年代末期，候机楼和机场的建设更多地体现人与自然、人与环境的要求。同时，机场的选址原则在规则中也日益举足轻重，这是由于快速城镇化过程中，高楼林立的建成区已不满足建设机场所需的净空条件，导致机场选址不得不坐落郊外或低洼区域，这无疑给机场建设增加难题，因此引入新技术、新工艺、新理念尤为重要。此外，机场尤其布局和规划上，也有了清晰的思路，一方面逐步完善了全国机场网络，另一方面在建立枢纽机场、干线机场和支线机场等不同类型机场的布局和规划方面有了较明确的目标，机场规划更注重可持续发展并提出“统一规划、分期建设、滚动发展”的战略性方针。

2019 年 9 月 25 日，习近平总书记亲自出席北京大兴国际机场投运仪式，对民航工作做出重要指示，要求建设以“平安、绿色、智慧、人文”为核心的“四型机场”，为中国机场未来发展指明了方向。

为全面贯彻落实习近平总书记关于四型机场建设的指示要求，推进新时代民用机场高质量发展和民航强国建设，民航局制定了《中国民航四型机场建设行动纲要（2020—2035 年）》并于 2020 年 1 月 7 日正式发布。该纲要指出：四型机场是以“平安、绿色、智慧、人文”为核心，依靠科技进步、改革创新和协同共享，通过全过程、全要素、全方位优化，实现安全运行保障有力、生产管理精细智能、旅客出行便捷高效、环境生态绿色和谐，充分体现新时代高质量发展要求的机场。平安机场是安全生产基础牢固，安全保障体系完备，安全运行平稳可控的机场。绿色机场是在全生命周期内实现资源集约节约、低碳运行、环境友好的机场。智慧机场是生产要素全面物联，数据共享、协同高效、智能运行的机场。人文机场是秉持以人为本，富有文化底蕴，体现时代精神和当代民航精神，弘扬社会主义核心价值观的机场。

四个要素相辅相成、不可分割。平安是基本要求，绿色是基本特征，智慧是基本品质，人文是基本功能。要以智慧为引领，通过智慧化手段加快推动平安、绿色、人文目标的实现，由巩固硬实力逐步转向提升软实力。该纲要要求做好“系统布局，强化顶层设计；重点突破，推进示范引领；深化改革，增强创新驱动；开放包容，发挥协同效应；求真务实，确保稳中求进”，这也是我国机场规划当今和未来发展的基本原则。其中，“系统布局，强化顶层设计”，指的是面向未来，高起点、高标准做好顶层设计，凝聚行业共识，明确各方职责，突出规划引领。点线面结合，构建研究先行、示范验证、总结经验、完善规章标准、全行业推广的良好生态。统筹协调资源，调动各方积极性，构建共建共享机制平台，汇聚发展合力。“重点突破，推进示范引领”，指的是抓重点突破，推进示范引领。抓重点、补短板、强弱项，在重点领域和关键环节发力。发扬“人民航空为人民”的行业宗旨，把旅客和货主最关注、反映最突出的问题作为建设的核心关切。发挥标杆机场在试点验证、标准制定等方面的引领作用。

1.1.3 我国机场分布及建设情况

1. 机场总布局

在民用航空运输系统中，机场是重要的组成部分，也是区域发展的引擎与见证。自 2003 年机场属地化改革以后，我国民用机场发展的步伐变得越来越快，机场的网络覆盖所有省会城市以及交通不发达地区和边远地区。截至 2019 年，我国大陆民用机场总数共 236 个，包含港澳台地区则共 252 个（图 1-7）。但是，我国机场布局依旧存在机场数量不足、机场规划建设与地方经济和市场需求不符等问题，因此，合理、科学的机场建设规划显得尤为重要。

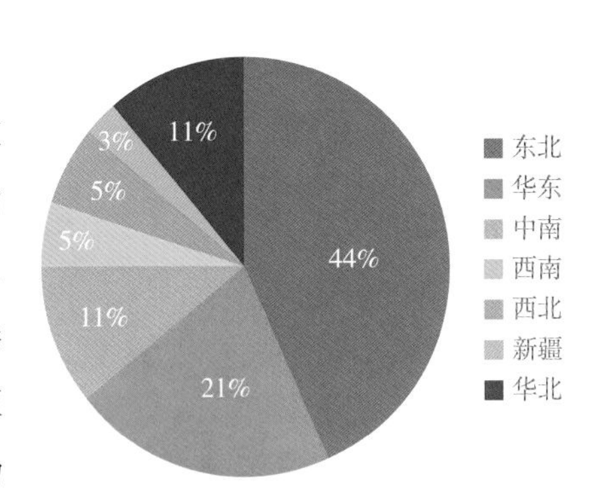

图 1-7 我国机场总体分布图（2019 年）

（1）我国机场分布的特点

一个地区或城市的机场、铁路、公路等基础交通建设发达程度和地方的经济水平有直接关联，同时也受地方人口数量、城镇密度、地理及气候环境等多方面因素影响。我国东西部经济水平、人口密度差异巨大，机场分布也具有鲜明的区域特征。

1）机场分布遵循胡焕庸线

胡焕庸线——我国地理学家胡焕庸先生在 1935 年提出划分我国人口密度的对比线，即现在的“黑河—腾冲一线”。胡焕庸线于西北与东南两侧划分出我国两个迥然不同的自然和人文地域。线位西北地广人稀；线位东南地少人多，人口稠密。同时，该线也是城镇化水平分割线。

胡焕庸线东南部分占全国国土面积 43.8%、总人口 93.7%。胡焕庸线以西（北）机场数为 68 座，以东（南）为 184 座（含港澳台 16 座）（图 1-8）。虽然东西机场数有近 3 倍的差距，但显然没有人口差距 15 倍那么多。说明人口数量和密度并非等于机场建设数量与密度，还有其他影响因素。

2）机场按照行政区划东西部划分特点明显

经统计，我国西部地区（十二省区市）已通航民航机场总计 119 个，中东部地区 133 座，

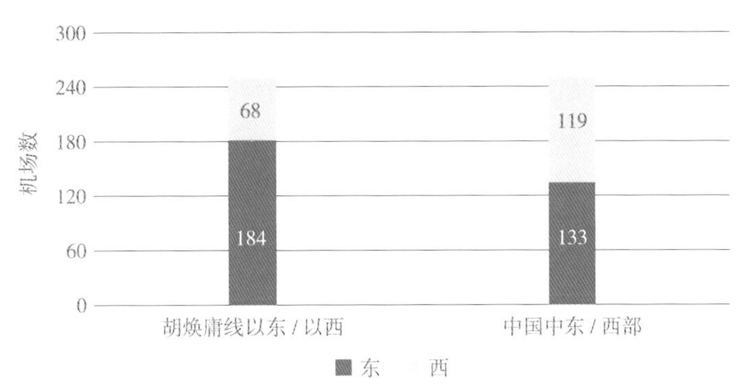

图 1–8 中国民航机场分布（截至 2019 年）

除台湾地区的 14 座，也只有 119 座（图 1–8）。但东部经济发达水平远高于西部，其主要原因是航空业务量过分集中于东部地区，东部机场最先实行属地化管理，与中西部机场相比，具有明显的产权结构优势，但这也造成这些地区中心城市机场的空域和地面设施使用紧张，空中交通拥堵，航班延误严重。相反，在中小城市，尤其是中西部地区的中小型机场，出现了设施闲置和机场资源利用不充分的问题。目前，在北京、上海、浦东、广州和昆明等机场，起降时刻资源已严重短缺。随着我国民用航空业务需求量的持续高速增长，许多机场的设施容量已达到饱和或接近饱和。

（2）北京机场建设特点

近年来，随着我国社会、经济的不断发展，北京地区的航空业务量持续增长。北京首都国际机场于 1958 年 3 月建成投入使用，现有设施可满足年旅客吞吐量 7600 万人次的使用需要。但首都机场目前的旅客吞吐量已经超过设计能力，达到饱和，航空需求量受到严重制约。为进一步提高北京地区航空与运输保障能力，缓解首都机场容量饱和的紧张局面，促进区域经济的平稳、快速发展，建设北京大兴国际机场迫在眉睫。

新时代民航高质量发展要求加快推进以“平安机场、绿色机场、智慧机场、人文机场”为核心的“四型机场”建设，着力打造集内在品质和外在品位于一体的现代化民用机场，并注重质量、效率、效益的质优式发展。机场建设的目的和意义，不再是打造固定的基础设施，而是成为区域经济向外扩张和延伸的起始地和桥头堡。北京大兴国际机场就是按照新时代新型大型国际现代化机场标准建设的，并始终以旅客为中心，以发挥综合运输体系中民航的比较优势为中心，建立的国内第一个立体的、零换乘的、无缝衔接的综合交通体系。

2. 机场未来规划建设

过去机场往往选择在场地平坦、净空条件好、公用基础设施条件好的地方建设，大多需要占用良田。随着城镇化的发展，机场场址不得不落在自然条件相对不具优势的地方，使得机场建设的技术难度和工程难度都相应加大。因此，伴随着一批具有相当技术难度机场的建设，民航机场建设科技得以迅速发展，民航机场建设水平跻身世界机场建设的先进行列。与此同时，民航局提出实施新时代民航高质量发展战略，建设平安、绿色、智慧、人文“四型机场”，全面谋划布局未来机场发展建设，其中“绿色”被赋予着重要内涵。

“海绵城市”概念的提出为我国民用机场的绿色建设提供了新的建设渠道。引入海绵城市概念的机场称为海绵机场，其是指在机场系统的全寿命周期内，以最高限度利用雨水资源、最低限度影响环境的方式，建设的具有自然吸水、蓄水、净水和释水等能力的机场。海绵机场建设是以雨洪控制为出发点，进而构建的生态型绿色机场，其核心在于场区可持续雨水管理系统（海绵机场雨水系统）的构建。通过采取现代化雨水直接、间接以及综合管理利用手段，对机场外排径流总量和径流污染等进行控制，在提高机场排水防涝标准的同时，节约水资源，实现水资源的循环利用，营造机场良好的水文环境，最大程度上改善生态环境，实现民用机场的自然净化、自然渗透以及自然储存，促进民用机场的可持续发展。

1.2 国内外先进机场建设经验

1.2.1 中国香港国际机场

1. 中国香港国际机场介绍

香港国际机场（Hong Kong International Airport），位于中国香港特别行政区新界大屿山，距离市区 34km，由香港机场管理局运营管理，为香港及其周边地区提供航空服务，是香港现时唯一的民航机场（图 1-9）。

香港国际机场于 1998 年 7 月 6 日启用，机场占地面积为 1255hm^2，海拔高度为 9m（28 英尺）。机场有南、北两条跑道，均长 3800m，宽 60m，飞行区等级为 4F，可以容纳新一

图 1-9 香港国际机场卫星图

代的大型飞机升降。北跑道一般用于客机降落；南跑道则一般用于客机起飞和货机起降。香港国际机场作为世界上最繁忙的货运枢纽，也是全球最繁忙客运机场之一，为香港带来巨大的社会及经济价值，巩固了香港在国际及区域范围内主要航空物流中心的地位。

2. 香港国际机场环保设计

机场建筑不仅是一个国家、地区或城市的门户，更是一个功能性、技术性较强的建筑，其各类工艺交错，流程复杂，要求具备极大的灵活性和伸缩性。香港国际机场秉持着以最简单的建筑形式满足最复杂的功能要求并取得最高的经济效益这一原则，遵循人类与自然和谐相处、共同存在的设计理念进行建设。通过优化玻璃外墙及向北天窗设计，结合高效能空调系统，大型发光二极管照明系统和太阳能电池板等节能设计，实现绿色建筑设计观念。

（1）优化玻璃幕墙及向北天窗

香港国际机场的客运大楼采用热能效益设计，屋顶形状和玻璃幕墙（图 1–10，图 1–11）都根据建筑朝向进行了优化。外墙采用优化高性能玻璃幕墙及现代化建筑物外壳，可以反射 40% 太阳热量，有效的反射热量降低了空调系统的负荷。大楼顶部朝北的天窗在日间让更多自然光照进大楼，同时可减少阳光直射建筑物所产生的热量，减少室内温度调节的需求。此外，当阳光充沛时，光线感应器会自动调低室内灯光亮度，减少白天对人工照明的需求。上述相关措施可节省能源 20% 以上。

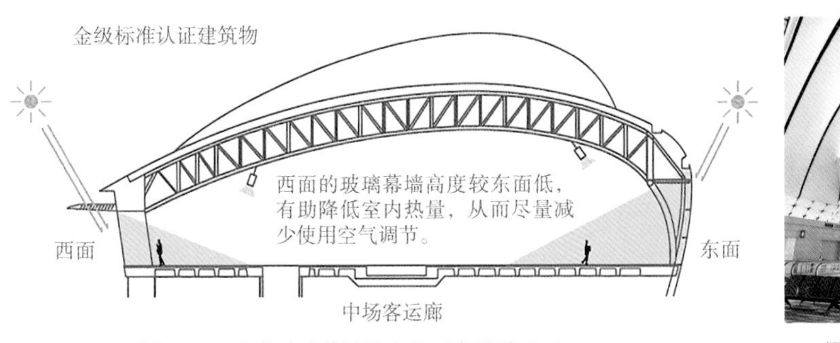

图 1–10 优化玻璃幕墙及向北天窗设计（1）

图 1–11 优化玻璃幕墙及向北天窗设计（2）

（2）高效能空调系统

香港机场于 2016 年以性能系数为 5 的水冷式冷冻机取代第三台性能系数为 2.7 的气冷式冷冻机，并在 2019 年至 2020 年将地面运输中心三部低压制冷机以及一号客运大楼两部高压制冷机，替换成更高能源效益的水冷式空调。水冷式空调不使用压缩机，靠水直接蒸发吸热降温，可减少对大气及环境的污染。此外，一号客运大楼的室内空间采用创新的空调系统，将冷冻范围限于离地三米以内，三米以上的空间则保持环境温度。高能源效益空调设备结合创新空调系统将产生显著的经济效益，每年可节省电力超过 70 万 kWh。

（3）大型发光二极管照明系统

香港国际机场每天 24 小时运行。在这个昼夜不息的交通枢纽，照亮各项设施便需要超过 13 万件不同类型的特殊照明设备，约占机场总能源消耗的 10%。2009 年，机管局将十万个传统照明装置更换为较环保的发光二极管灯，不仅耗电量低于传统照明装置，也不产生紫外线，在减少环境影响的同时降低了能源成本。这项改造于 2015 年完成，每年节省电力约 1820 万 kWh，并减少二氧化碳排放量 11500t。

（4）太阳能电池板

建设太阳能发电项目是最常用的节能降耗手段之一。香港国际机场有两个太阳能发电系统。2016 年，机场于航站楼旁建设了 200kW 分布式光伏发电项目。该项目全部采用了隆基高效单晶 PERC 组件，电池板正面转换效率达到了 24.06%。同时于 2018 年 7 月在第一及第二期大楼开展项目的安装工程，并成功克服光伏板被其他物体遮挡、天台地板不平坦及须加强保护防水层等障碍，于两座香港国际机场的大楼天台安装了 828 块太阳能板，总面积达 $3000m^2$，每年的总发电量可达 32 万 kWh。

1.2.2 英国伦敦希斯罗国际机场

1. 伦敦希斯罗国际机场介绍

伦敦希斯罗国际机场（London Heathrow International Airport），通常简称为希斯罗机场，位于英国英格兰大伦敦希灵登区，离伦敦市中心 24km。希斯罗国际机场由英国机场管理公司（BAA）负责营运，为英国航空和维珍航空的枢纽机场以及英伦航空的主要机场，为伦敦最主要的联外机场，也是全英国乃至全世界最繁忙的机场之一，在全球众多机场中排行第三，仅次于亚特兰大哈兹菲尔德—杰克逊国际机场和北京首都国际机场（图 1–12~ 图 1–14）。截至 2019 年，希斯罗机场总面积达到 $1227hm^2$，拥有 4 座航站楼及 2 条平行的东西向跑道，登机

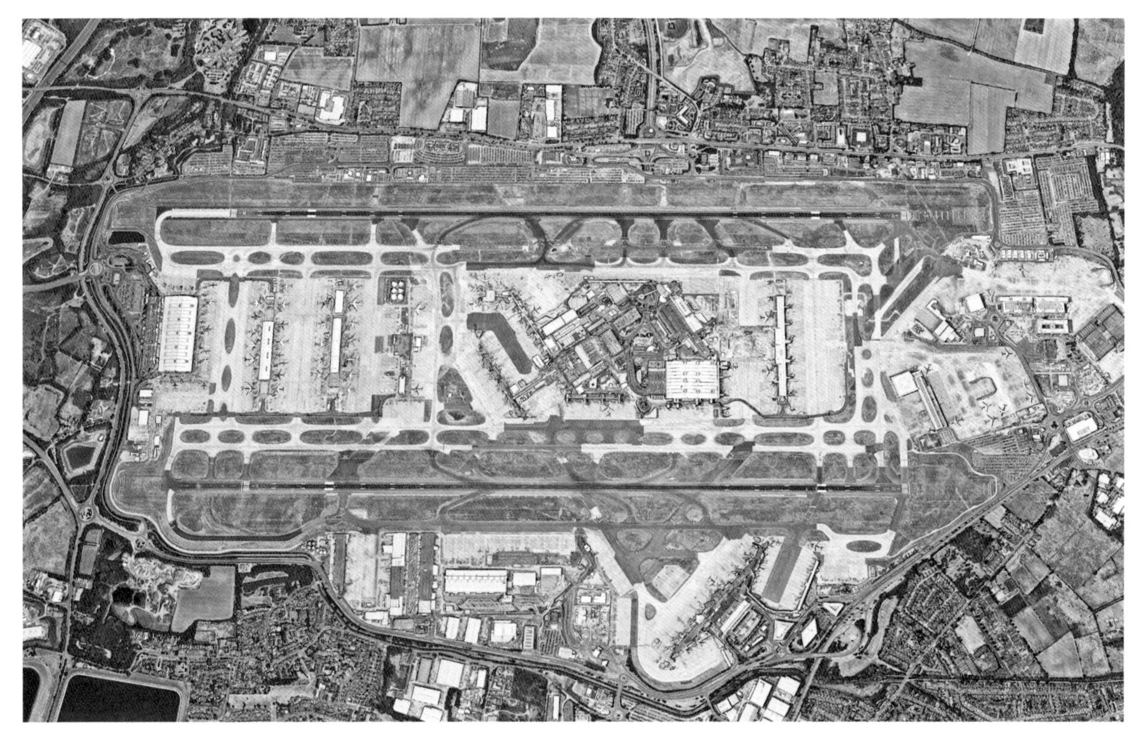

图 1–12 希斯罗国际机场卫星图

图 1-13　希斯罗国际机场平面图

图 1-14　夜幕下的希斯罗机场

廊桥数 195 个，机位 212 个，其中廊桥近机位 133 个，远机位 64 个，货运站 15 个，服务航空公司 81 家。希斯罗机场正计划兴建第三条跑道及 6 号航站楼。

2. 伦敦希斯罗国际机场环保设计

伦敦希斯罗机场也是机场绿色环保设计中的经典案例。机场不仅引进了以电力为能源的新型城市交通工具“豆荚车”，也非常注重污水处理、机场除冰、灯光照明、跑道管理等方面建设，致力于打造能源高效利用及生态环境保护的机场。

（1）新型节能交通工具

伦敦希斯罗机场的自动交通“豆荚车”于 2011 年正式开通，在专用高架道路上往来。由于车身较小，因此可以节省很大的通车空间。“豆荚车”由电脑控制自动驾驶，安全系数高，事故率低，车体以电能作为动力，可自带充电电池，也可以通过导轨供电，不产生废气，是一种非常清洁的交通工具（图 1-15、图 1-16）。

（2）希斯罗机场污水处理系统

目前，希斯罗机场的废水（含污染雨水）主要由东、南、西三个平衡池系统处理（图 1-17）。其中，东、南平衡池主要处理机场的初期雨水净化，处理规模分别为 103 万 m^3/d、90 万 m^3/d；西平衡池设置有污水处理厂，处理机场的全部生活和生产废水，规模为 40 万 m^3/d。

图 1-15　“豆荚车”自动驾驶车

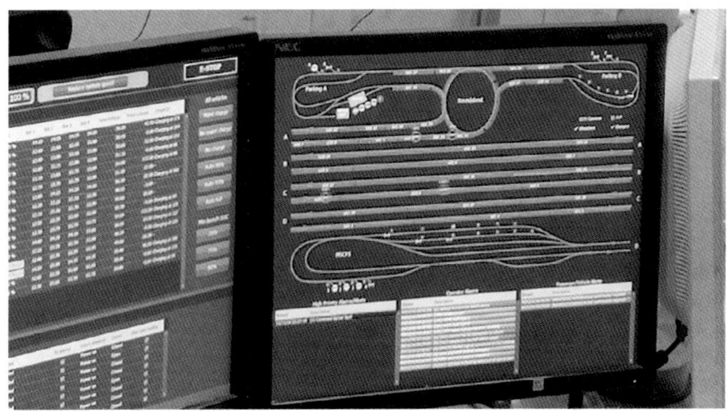

图 1-16　“豆荚车”运行控制系统

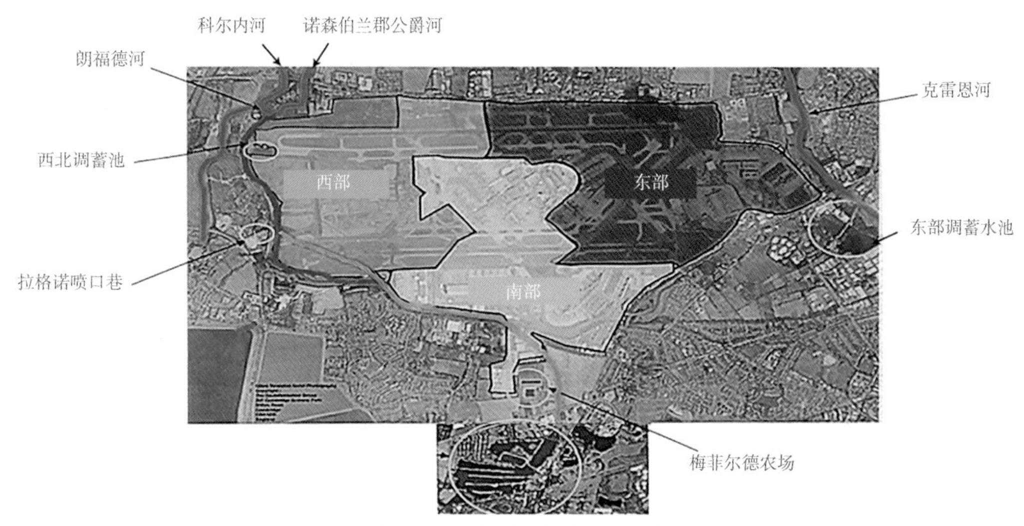

图 1-17　希斯罗机场排水系统图

机场东平衡水池由前塘、中塘及后塘三部分组成，主要在机场雨水排放至下游前，承担初期雨水净化任务。初期雨水经前塘、中塘及后塘逐段净化，借助塘的物理沉淀作用、塘内水生植物和水生生物的截留净化等作用，初期雨水中的污染物质被去除，雨水最终通过后塘出口接入下游河道。雨水流出中塘后也可不经过后塘直接进入河道。东平衡水池前塘西侧有一座污水处理厂，主要担负机场污水处理及除雪除冰液处理任务。污水处理厂采用移动床生物膜反应器，通过在好氧生物池内投加填料，增强处理效果；并采用转盘滤池进行深度处理工艺，以保证出水水质效果。

（3）希斯罗机场除冰系统

希斯罗机场设有 3 个机位的专用除冰坪。飞机除冰使用除冰液除冰法，除冰坪设有除冰液加注设备，即将含有乙二醇的除冰液，加热至 82℃左右，以除去飞机表面结冰，同时除冰液与水混合后，可使冰点降低，达到除冰效果。除冰液与水的混合物冰点最低可至零下 50℃左右，可以防止再次结冰。除冰液加注有专用的电子控制系统，除冰坪设有废液回收系统，在东平衡池附近的污水处理厂处理后排入附近的水系。除雪除冰液会被收集进入机场东平衡水池前塘西侧的污水处理厂进行处理。

（4）机场灯光照明介绍

希斯罗机场 2 号航站楼区域的高杆灯以及飞行区跑道部分全部为 LED 灯光照明（图 1-18）。自投入使用以来，不仅照明的亮度标准有较大的提高，而且节能效果显著，较更换前相比节能达 60% 以上。

机场照明灯杆为玻璃纤维灯杆，可在受碰撞后自行解体，不会对碰撞设备造成损坏，主要应用于跑道端头 900m 范围的照明灯杆（图 1-19）。

（5）机场跑道清洁系统

机场跑道内如有各种不同类型的异物进入，对于飞机的起落安全会形成巨大的隐患。希斯罗机场引用的“跑道异物自动探测系统”（FOD）可以很好地解决这个问题。该系统安装在

图 1-18 机场灯光照明

图 1-19 玻璃纤维灯杆

图 1-20 希斯罗机场的 FOD 系统

图 1-21 希斯罗机场跑道

图 1-22 机场跑道除胶车

跑道外部，对跑道及导航设施运行无任何影响，雾霾天气仍然有效。每条跑道采用两套设备，每套设备探测半径 1.2km，采用雷达探测跑道道面，其精确度达到 1m，探测设备与后台监视器共同工作，侦测度可达 97%，误判率 0.1%，利用该设备可以及时发现跑道中的外来物，减少飞机的盘旋和备降时间，提高跑道的安全使用效率（图 1-20、图 1-21）。

此外，机场还配备跑道除胶车，除胶车为一体机系统，可保证同时进行除胶与清洁，清除率达 95% 以上，该除胶车操作简便、一次性运行时间长、可快速入场和出场。同时，也可适用于道路透水路面的清洁和维护（图 1-22）。

1.2.3 瑞士苏黎世国际机场

1. 瑞士苏黎世国际机场介绍

瑞士苏黎世国际机场是瑞士最大的国际机场及瑞士国际航空的枢纽，苏黎世国际机场始建于1948年，并于1953年正式通航，2015年启动"The Circle"项目的建设工作并完成全新2号航站楼值机大厅的开业与调试。截至目前，苏黎世机场拥有2座航站楼，机场建筑（净建筑面积）127万 m^2，机场场地916hm^2、飞行面积239hm^2、自然保护区74hm^2（图1–23），拥有通航点178个。

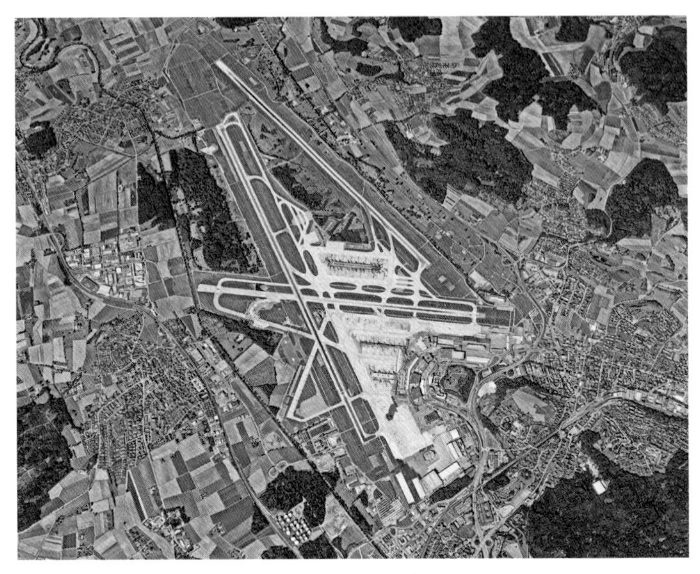
图1–23 苏黎世国际机场卫星图

2. 苏黎世国际机场环保设计

2015年，苏黎世国际机场启动了"The Circle at Zurich Airport"（简称The Circle）项目的建设工作。The Circle项目以及机场水资源方面具有先进的理念和技术。该项目致力于以"场城融合"的方式建设"绿色"商业建筑"The Circle"，方案中的景观环境、能源、水资源等方面严格按照"绿色建筑"标准执行（图1–24）。

（1）水资源管理

苏黎世国际机场的供水有三种途径：自来水提供生活用水；地下水提供生产设备用水，如冷却、冲洗等；收集的雨水用于厕所冲洗。机场产生的污水包括生活污水和工业废水。其中，生活污水，排入附近的污水处理厂进行处理；工业废水经预处理后，也会被排放至相同的污水处理厂处理；其他特殊类型废水（如飞机污水），在排入机场污水管道前也要经过预处理，再被送入该污水处理厂（图1–25）。

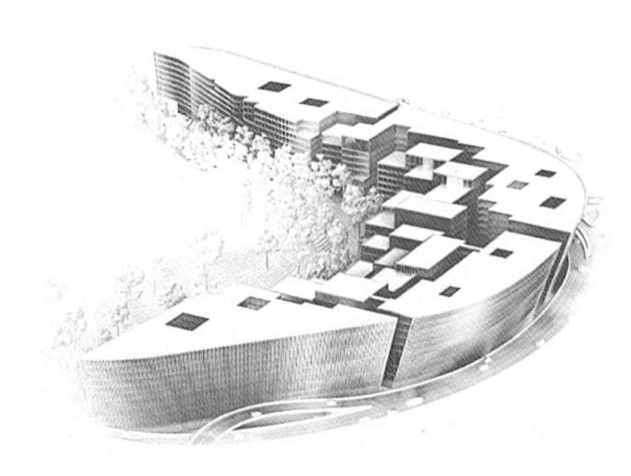
图1–24 苏黎世国际机场"The Circle"项目示意图

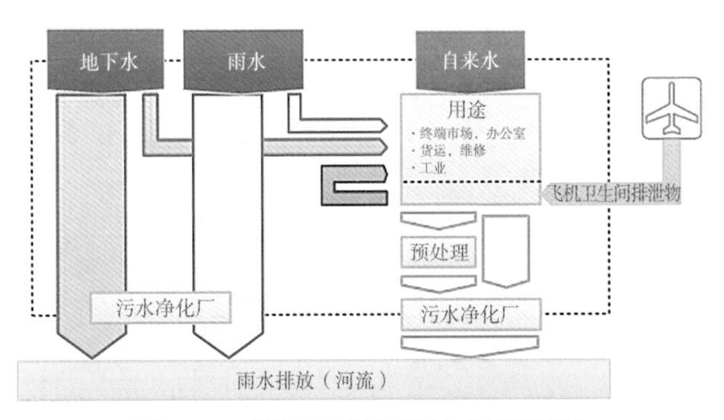

图1–25 苏黎世国际机场废水处置路线图

（2）飞机除冰液的管理与处理

为了保证冬季飞行安全，苏黎世机场必须保持飞机、作业地区和道路无冰。苏黎世机场共三条跑道，设置两处除冰机坪，各三个自滑机位。除冰剂分为除冰液和除冰盐。航站楼北侧设置除冰液集中输送泵站，配置好的液剂通过管道泵送到两个除冰坪加注站，除冰作业时给除冰车辆加注除冰液（图 1–26、图 1–27）。除冰盐用于道路、绿地、汽车维修区的除冰。每个除冰坪设置车辆指挥塔，与塔台通信，保证飞机最迅速有效的除冰后起飞。

用于飞机除冰的乙二醇，以及在作业区域喷洒甲酸盐的除冰剂会产生一定程度的环境污染。依照瑞士联邦政府相关环境法律的要求，DOC（总有机碳）排放标准需低于 10mg/L，因此除冰废液必须在处理达标后才能排放。

轻度污染的除冰液径流一般先通过滞留滤水池后才能排放。中等污染废水需要先经过初步提纯，然后使用一种特殊的自动喷水灭火系统将其喷洒至草地，废水在土壤中过滤，所含的乙二醇会被完全自然降解。提纯后的废液将送至机场自建的浓缩工厂进行深度处理并工业回收，从而实现材料循环（图 1–28、图 1–29）。

图 1–26　苏黎世国际机场除冰液输送一级泵站

图 1–27　苏黎世国际机场除冰液 2 号加注站

图 1–28　苏黎世国际机场除冰液提纯装置

图 1–29　苏黎世国际机场除冰液滤后液土壤过滤区

1.2.4 瑞士日内瓦国际机场

1. 瑞士日内瓦国际机场介绍

日内瓦国际机场（Geneva Intl Airport）（图 1-30）建于 1920 年，是瑞士日内瓦民用国际机场，机场占地 340hm^2，拥有两条机场跑道和两座客运航站楼。

图 1-30　日内瓦国际机场卫星图

2. 瑞士日内瓦国际机场环保设计

作为其质量、环境和安全管理体系的一部分，日内瓦机场多年来一直执行一系列环境措施，旨在控制由于空中交通、机场活动和机场相关道路交通造成的环境影响。自 1997 年以来，日内瓦机场就开始使用环境管理体系（EMS）来进行有效的环境管理。

（1）雨水管理

日内瓦机场占地 340hm^2，受罗纳冰川的影响，其地质条件不能进行大范围雨水渗透。机场的不透水表面（跑道、停机坪和建筑物）约为 140hm^2，大量雨水径流水需经过水质处理和水量控制后方能排入到自然水体中。雨水管理按照 P=10 年的降雨标准，通过数学模型模拟分析，在机场修建两座地下蓄水池，以调蓄排放控制径流峰值流量，应对可能的内涝风险。同时使用了油气分离器设置在停机坪排水系统，以防止燃油泄漏影响下游水体（图 1-31~图 1-33）。

（2）废水管理

机场的废水来自场区卫生设施、飞机厕所的排水，飞机和车辆的清洗与维修、厨房和餐馆以及各种技术车间的排水。这些废水需经过预处理方能排入日内瓦市的污水处理厂。

图 1-31　日内瓦国际机场区域地形示意图

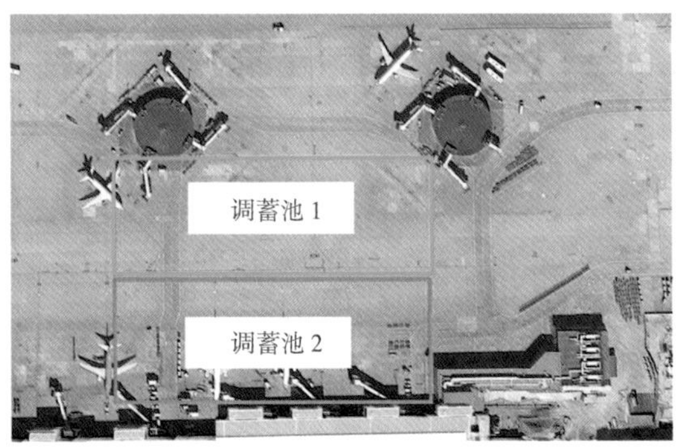

图 1-32　日内瓦国际机场地下雨水调蓄池位置图

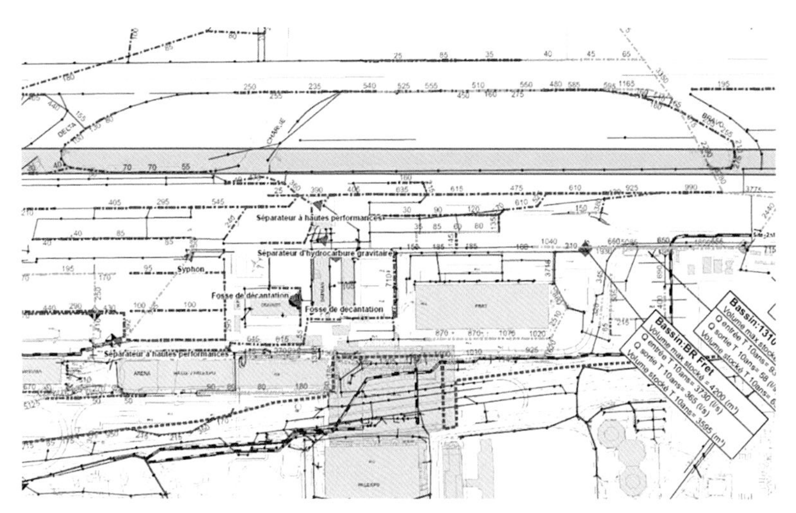

图 1–33 日内瓦国际机场雨水系统总图

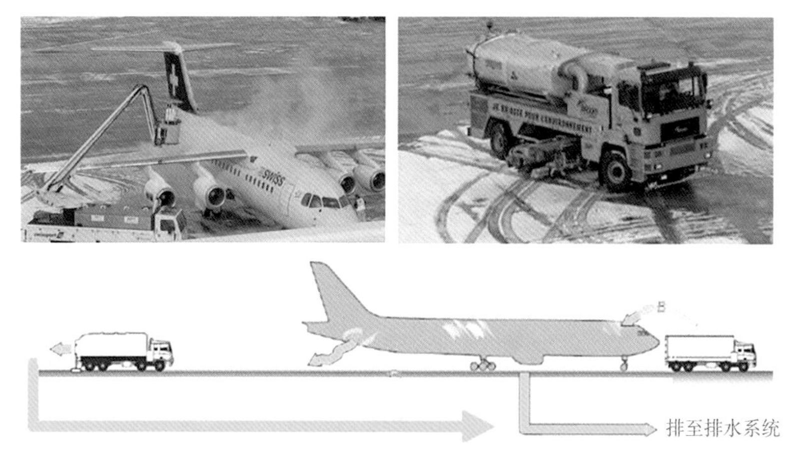

图 1–34 日内瓦国际机场除冰液处置现状

图 1–35 日内瓦国际机场雨水及除冰液收集系统规划图

日内瓦机场未设置独立的除冰坪，每个停机位均可作除冰使用。除冰液由独立除冰液加注站加注，除冰液回收系统和机坪雨水系统合并通过机场设置的储存罐体进行初步过滤净化达标处理后排入附近水体（图 1–34~ 图 1–37）。

（3）地下水管理

在停机坪、跑道和滑行道下面有深层地下水位，岩层为不透水层，厚度近 30m。它可以防止表层水渗透，减少了机场活动对水资源的污染风险。

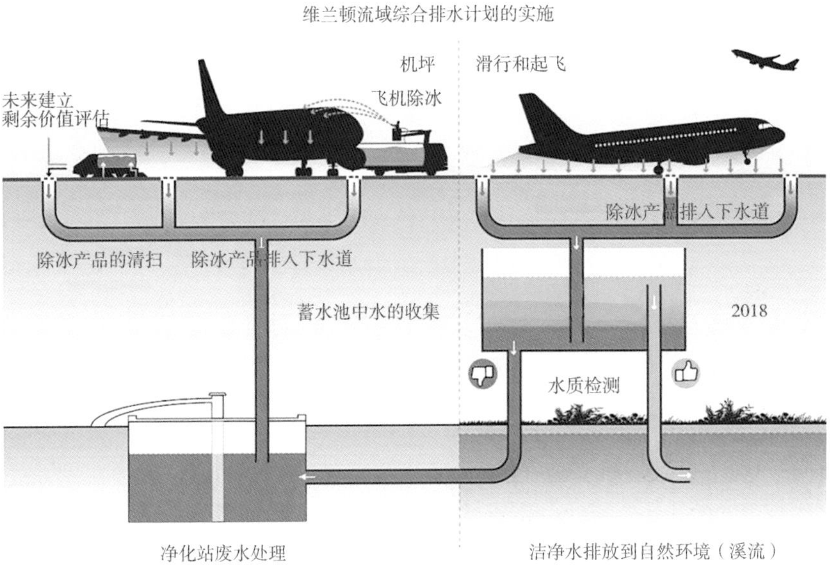

维兰顿流域综合排水计划的实施
机坪
滑行和起飞
未来建立
剩余价值评估
飞机除冰
除冰产品排入下水道
除冰产品的清扫
除冰产品排入下水道
蓄水池中水的收集
2018
水质检测
净化站废水处理
洁净水排放到自然环境（溪流）

图 1-36 日内瓦国际机场除冰液处理系统规划图

公共污水厂生产沼气（污泥消化池）
甲烷：50%~80%
二氧化碳：10%~40%
水：5%
生物气
热
电热
生物甲烷
原料
搅拌桨
煮解器
37~40℃
沼液沼渣
试验结果
技术上
沼气生产
优势
环保
经济
需求
现场存储

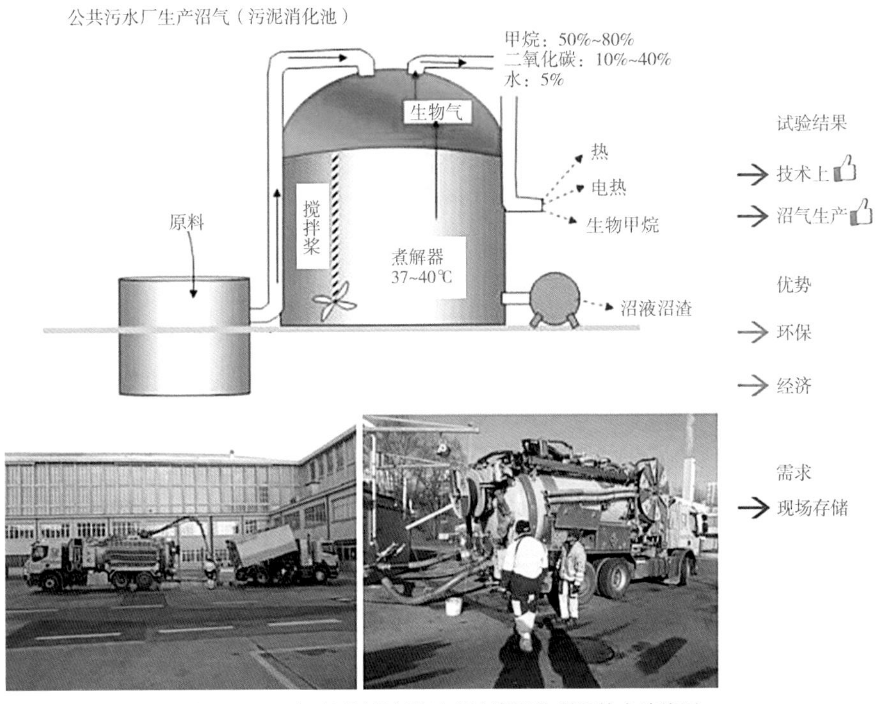

图 1-37 日内瓦国际机场除冰废液资源化利用技术路线图

1.3 未来机场建设发展之路

1.3.1 新时代机场建设面临的问题与挑战

新时代以来，机场建设面临着诸多新的挑战。最主要莫过于三点，一是机场的规模；二是潜在机场的空间区位;三是机场建设模式。如前文所述，目前国内机场业务量已达空前水平，吞吐旅客量已接近饱和，因此建设规模需根据地区经济情况和人口分布来预测航空出行需求，然后按照尽可能多地覆盖人口和面积进行定位，最后根据每个机场预期承担的业务量决定其建设规模。而建设位置及模式是问题的关键所在。过去的机场大多建设在平坦开阔且交通便利的城区，区域发展多以机场为中心呈辐射状。然而随着快速城镇化，城区的可利用区域也越来越少，地势条件相对好的区域多已被开发建设，机场不得不更加远离城区，建设在郊外，这无疑增加了建设难度，以往的建设方式已经不足以解决问题，因此从多方面多角度多层次进行土地选择及制定建设方法至关重要。

1.3.2 未来机场建设的思考

机场高强度的开发建设，改变了场区原有的生态本底条件和水文特征，可能会造成大量的植物生物破坏和水土流失。加之近些年极端暴雨天气日益频发，以快排为主的雨水处理方式不仅加大了雨水管渠系统负担，致使机场内涝灾害加剧；同时也带来了雨水径流污染、水资源浪费、水生态系统恶化、水安全保障缺乏等一系列的水环境问题。传统单一以“排”为主的雨水处理方式已不能满足机场防洪防涝安全需要，且有悖于我国“绿色、低碳、生态、可持续”理念下的机场建设方针，机场传统雨水管理理念与方式亟待转变。为此，可以借鉴国外成熟的新型可持续雨水管理理念，并结合我国海绵城市建设的实践经验，探讨适用于机场的可持续雨水管理方式，“弹性”地应对机场洪涝等水生态问题。这与如何建设一个更加符合人类居住的城市不谋而合，“海绵城市”是未来城市的探索方向，将其引入到机场的建设中是两全其美的方法。

第 2 章

海绵城市——时代的觉醒

海绵城市之缘起

海绵城市之沿革

第 2 章　海绵城市——时代的觉醒

2.1　海绵城市之缘起

2.1.1　城市水的“困”与“罚”

近 40 年来，我国城市建设事业发展迅速，城镇居民的生活获得了巨大改善。而人民大众在享受着城镇化硕果的同时，传统城市规划与建设的潜在问题也逐渐凸显。近年来由于城镇化与水环境的矛盾日益显著，衍生出的水问题与水灾害正困扰着城市的健康运转与发展。

1. 城市水资源短缺

我国城市迅速建设与发展导致了城市区域水资源的需求量剧增，进而伴随着无节制的地表水和地下水开发利用，使得取用水量超过了恢复更新的水量。此外，与先进国家相比，我国用水效率较低，工业用水重复利用率仅 60%。而城市用水的浪费现象也屡见不鲜，再加上建设标准陈旧，供水管网系统老化，我国城市输供水管网的漏失现象也较为严重。大量宝贵水资源以“滴水式流失”的形式变成了无效资源，这成为城市供水的重要问题。虽然多年来，我们采取了各种节水设施和政策，据统计，我国有 14 个省（自治区、直辖市）的人均水资源占有量低于国际公认的 1750m^3 的用水紧张线，全国 661 个建制市中，缺水城市占 2/3 以上，其中 100 多个城市严重缺水。随着城镇人口进一步增加，经济的不断发展，城市对水资源的需求量将继续逐年增长，城市区域性水资源短缺问题将进一步加剧。

2. 城市水污染

城市水资源利用量的增大与用水范围的拓宽，使得城市生产或生活使用后的污水产生量不断增加，水污染源与城市水体污染程度势必也随之增加，造成了一些城市水质恶化、水体污染等现象。

3. 城市内涝

由于强降水或连续性降水超过城市排水能力致使城市内产生积水灾害的现象称为城市内涝。近年来，极端天气造成全国各大主要城市的内涝事故频频发生。北方城市由于降雨较少，过去忽视了地下管网等基础设施的远期规划建设与维护，当发生瞬间雨量暴涨的情况时，标准较低排水系统便会发生瘫痪。而许多南方城市，特别是江南一带，内涝主要由城市自我生态调节系统功能性丧失导致。这些城市原本在城市区域内分布有大量河道、湖泊、湿地、圩塘等调蓄水体，能够有效调节气候和雨水对城市正常运转带来的不利影响。然而伴随着城市建设的狂飙突进，大量湖泊、湿地和圩塘被填埋，河道改为马路，硬化的下垫面截断了水网系统的沟通连接，使其丧失了调节生态水平衡的能力，于是地下管网等人工水管理系统逐渐被建设成为城市调蓄的主要角色，进而如北方地区一样，在排水管网系统出现故障时，会很快引发内涝（图 2-1）。

图 2-1 典型城市内涝现场图

在我国长期的传统城市建设中，许多规划设计单位已经习惯了传统城市建设模式，其设计思想及设计理念仍局限在陈旧的观念中。旧有的城市建设多采用低端模板化、高污染、高能耗的粗放式建设模式，城镇化进程加快的同时产生了诸多副作用。有些城市因单一片面追求速度而疏于对城市人文、地质、气候等方面的统筹考量，在城市运转和发展中已经品尝到了资源制约与结构失位的苦果，这些传统的城市设计观念已不符合现代社会可持续发展的要求。因此，传统的城市设计已对当代及未来的城市建设与发展产生了严重的边界制约效应。

2.1.2 城市水系统“海绵化”

针对传统城市发展的水资源短缺、污染严重以及城市洪涝灾害并重的问题，“海绵城市”的理念成为一种科学性城市建设的探索方向。城市内涝发生时，短时间内的集中降水让城市的地下排水管网系统不堪重负，无法迅速将街道等硬化路面上的雨水排除干净，致使城市内道路等硬化地表大量积水。过去的城市建设通常将市内植被覆盖的土地区域改建为硬化路面与楼房，以获得城市面貌的整洁。然而由于硬化路面过多，在短时间集中降水时，雨水难以接触土地，难以渗入地下土壤，一方面造成城市内涝，另一方面也造成雨水难以流入地下，无法回补地下水，地下水水位加速降低，地表河流水量减少或枯水期时间变长，进而发生农村地区水井水位下降等现象。海绵城市建设，就是在城市内合理建设绿地，在硬化路面铺设过程中采用透水砖等材料，提高雨水与土壤的接触机会，促进地面对雨水的吸收，从而最大程度上尊重生态系统的规律，化解相应的城市内涝问题。同时，上覆植被还具有蓄洪功能，雨天可将雨水“吸收”，而降水少时，植被的根系又可以将之前储存的雨水逐步释放，使城市生态系统结构更加稳定。而城市内合理的绿地面积亦使城市具有美感，使城市建设更加符合“天人合一”的理念。

海绵城市的核心，是从生态系统服务角度出发，结合多项具体技术，建设水生态基础设施，多层次、多角度地组合各类水生态基础设施。同时，这种新型雨洪管理理念要求城市在降雨集中时吸水、渗水、净水，回补城市中高密度人口对于地下水过度开采产生的缺口，而在必要时又可将蓄水释放，实现动态调节城市水资源平衡的目的。现存城镇周围其实有许多小型的“海绵建筑”，农村地区的村落建设在一定程度上恰符合海绵城市的建设要求。例如，在院落中采用透水砖等建筑材料，摆设有花卉等观赏植物，周边与农田相连通等。在我国西北地区，由于降水少且集中，加之气候干旱，院落中多建有蓄水井，负责调节一年的非均衡降水（图 2–2）。较少的硬化地面可让降水及时被植被及土壤吸收，故目前尚无“农村内涝”这一概念。

图 2–2　农村地区房屋及其周围示意图

海绵城市建设遵循生态优先原则，因地制宜，充分发挥城市当地的自然环境特点，将人工措施与自然环境巧妙结合，在确保城市内排水管网正常使用的前提下，充分实现雨水在城市区域内的渗透和净化，实现雨水资源利用最大化，实现与自然资源的协调发展，最终实现“小雨不积雨，大雨不内涝，水体不黑臭，热岛有缓解”这一目标（图 2–3）。我国早先传统的城市建设过程对绿地因素考虑较少，且经常实质性忽略因地制宜的城市建设模式，很大程度上以单位土地 GDP 为核心，而忽视了城市的绿色长久发展。建设海绵城市的核心，便是最大程度尊重生态最本真的规律，在自然生态允许的范围内将其合理改造，保护城市生态环境，实现城市土地功能维护成本最低化。当年的巴西利亚作为 20 世纪建成的城市，是最年轻的联合国世界物质文化遗产，曾经代表世界上最先进的规划理念，如今也出现人口过多和城市垃圾过多等城市病，由此足见城市合理规划的重要性（图 2–4）。

海绵城市建设要遵循保护现有河网水系、湿地、绿地等城市雨水蓄积功能区原则，对于已遭到人类影响和破坏的部分应尽可能恢复，提升城市雨水蓄积功能区蓄积雨水的能力。海绵城市建设以“慢排缓释”和“源头分散”控制为主要规划设计理念，在避免洪涝的同时，强化雨水渗透和净化。城市设计应全面考虑城市与自然共生，真正做到人与自然和谐共处。

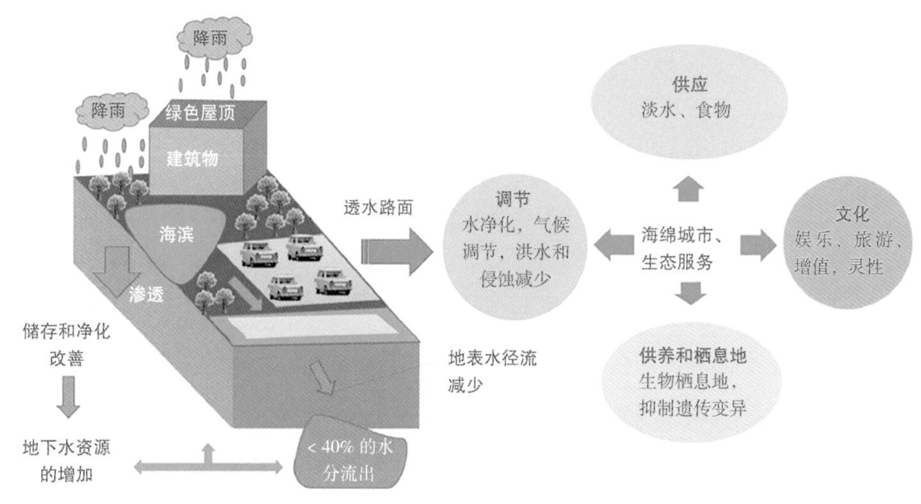

图 2–3　海绵城市水循环结构及功能简图

2.1.3 海绵城市建设与时俱进

图 2–4 巴西利亚城市概览图

现今全球气候变暖，极端天气频现，城镇化非透水下垫面放大了城市地区的自然灾害威胁，这已逐渐成为全球范围的普遍问题。而即将步入“两个一百年”时代的中国，仍保有巨大的城镇化发展动能，其快速发展终不免继续扩大城镇化区域的硬质铺装占比，旧有区域的生态本底与水文特征将遭遇变化。“乏雨即旱、沛雨即涝”的城市水均衡问题，对于大刀阔斧的新城市建设与旧城市改造而言，仍属城市管理者必须面对的难题。另一方面，城镇化的快速发展将显著提升该城市区域水资源的需求量。在我国北方地区，地下水资源已普遍发生超采现象，使得本已短缺匮乏的北方水资源供给更加捉襟见肘，进而反向制约经济发展与城镇化进程，诱发“负反馈循环”危机。

因此，党和政府基于对城市可持续发展的考虑，充分认识到城市下垫面水均衡调蓄的重要性。2013 年，习近平总书记在中央城镇化工作会议上强调“城市规划建设的每个细节都要考虑对自然的影响”，要求“建设自然积存、自然渗透、自然净化的海绵城市”。2014 年，住房和城乡建设部发布了《海绵城市建设技术指南——低影响开发雨水系统构建（试行）》。2014 年底，财政部、住房和城乡建设部、水利部又联合下发了《关于开展中央财政支持海绵城市建设试点工作的通知》，江苏省率先出台了《关于推进海绵城市建设的指导意见》，安徽、贵州等省也相继颁发了相关技术导则。2015 年 ~2016 年，全国进行海绵城市建设试点的城市达到 30 个，中央财政拨款投资逾 150 亿元。由此可见，强调生态化雨水调控的海绵城市模式，已成为全国关注的热点问题。显然，政府在解决基础性城市水均衡问题上的决心与意志毋庸置疑。

具体而言，海绵城市的宗旨是充分发挥城市现有绿地资源、道路面积、水系等对雨水的渗透吸收、蓄积和利用作用，在经过合理的城市规划建设后，能有效缓解城市雨季内涝、减少外排水量、减轻污染负荷，达到水资源循环利用、保护和改善城市生态环境等目的。城市“海绵系统”也不单纯解决雨水问题，而是将城市下垫面元素有机串联起来，系统性应对城市化进程中各种生态问题。通过重新梳理现有城市建设规划理念，利用城市生态景观系统的自我净化与储存功能，淡化城市区域自然灾害的不利影响，挖掘城市每一寸土地与每个生态景观空间，实现雨洪调蓄、雨污净化等生态功能，进而拓展人工设施的生态修复功能，实现“修复水生态、涵养水资源、改善水环境、提高水安全、复兴水文化”的多重目标，是构建“海绵城市”的必要性和建设意义所在。“海绵系统”作为一个城市生命系统，功能设计具有系统性与可持续性，能有效解决城市水涝和大气污染等问题，从本质上有别于传统的工程化和缺乏弹性的灰色基础设施，是城市生态循环系统的关键环节。建设“海绵城市”，既是城市水生态系统完善、城市小区域生态环境改善必不可少的人工生态环节，也是实现我国生态文明建设战略的重要途径之一（图 2–5）。

图 2-5 中国（上海）自由贸易试验区临港新片区海绵城市设计规划

2.2 海绵城市之沿革

2.2.1 雨洪管理的国际经验

城市雨水的管理和利用对社会、环境和经济的可持续发展具有重大意义。城市水体愈加严重的"水少、水脏及水涝"问题，凸显了传统工业化大生产发展模式的缺陷，也促使全世界各地区考虑采用更加符合生态规律的工程措施来处理城市雨洪问题。美国、英国等发达国家基于进步的理念，较早开展了"海绵模式"雨洪管理相关的研究，例如美国提出的最佳管理措施（Best Management Practices，BMPs）、低影响开发（Low Impact Development，LID）和英国提出的可持续城市排水系统（Sustainable Urban Drainage System，SUDS）等，都是其中研究和应用较为成熟的模式。除此之外，部分发达国家还提出建设水敏感城市设计、生态城市、智慧城市等不同形式的雨水系统综合管理模式。

1. 美国最佳管理措施（BMPs）与低影响开发（LID）

BMPs 最初针对农业面源污染控制而提出，且主要围绕末端处理措施的管理。发展至今，已成为面向水量、水质、水生态等多方面的综合城市雨水管理技术体系。BMPs 强调通过对水体污染过程采取复合式的管理和工程措施，实现清洁城市水体、控制雨水径流量的目标。

BMPs 通常分为工程性措施和非工程性措施两大类。工程性 BMPs 是指运用各种水处理设施和工程技术来控制城市降雨造成的洪涝和径流污染问题，主要包括雨水塘、雨水湿地、渗透池、生物滞留池等水处理设施。非工程性 BMPs 则指通过立法、监管、宣传等手段，建立雨水处理管理体系，提高公众参与雨水管理的热情和主观能动性。美国联邦环保署（EPA）于

1999 年颁布了第二代雨洪控制规范，对 BMPs 提出了详尽的技术导则，将 BMPs 分为六大类，包括：①场地建设雨流控制；②违法排放检查限制；③污染预防及家庭管理；④施工完竣雨水管理；⑤公众教育；⑥公众参与。并详细规定了各种情况下 BMPs 实施的方法和规范（图 2-6）。

图 2-6 美国雨水 BMPs 评估手册

为弥补 BMPs 末端处理方式在可持续发展需求方面的不足，美国马里兰州乔治王子郡于 20 世纪 90 年代初提出低影响开发（LID）的理念，主要强调在新建或改造项目中结合生态化措施，实现雨水径流的源头管理。LID 主要通过有机整合源头和分散式的雨水处理技术，最大化降低开发活动对城市区域场地水文循环的影响，维持开发前后城市区域场地水文特征的延续与稳定。

在 LID 理念中，场地水文特征主要考察径流总量、峰值流量、峰现时间等方面。从水文循环角度出发，若维持场地径流总量不变，需要采用渗透、储存等方式实现开发场地降雨的就地处理;若维持峰值流量和峰现时间不变，则需采用渗透、储存、调节等措施削减雨水峰值、延迟峰现时间。实现以上控制，主要通过 LID 雨水处理设施来保证。而按照处理过程中的位置顺序，可分为上游、中游、下游三个部分，并通过一个水流控制串联系统贯穿整个水文网络。具体设施主要包括屋顶绿化、可渗透铺装、雨水花园、人工湿地等。以上系统通过对降雨的源头吸收、过滤下渗，并有机连接城市雨水管网系统，来达到体现 LID 效果的径流量和污染控制目标（图 2-7）。

Silver Lake LID 改造工程是一个典型的 LID 案例。Silver Lake 位于威尔明顿地区，该地区水源检测出超量的大肠杆菌。威尔明顿镇通过对岸边停车场进行修复以减少湖中的污染，修复后的停车场及其周边地区的径流汇集后会流入排水管道，而不是地下水系统，这些雨水在流入湖中之前还会经过种植洼地的净化作用。此外，洼地高低不平的地形限制了动物进食，减少动物粪便的产生。停车场路面由传统沥青和多孔沥青组合而成，停车位由透水表面铺设

图 2-7 美国 LID 示范案例

而成。地表径流经过多孔沥青和透水表面的渗透作用汇集到中央生物滞留区，而主停车场的溢流区通过两块高强度的渗透材料来保证混凝土区域的透水性能。地表径流进入排水管道过程如图 2-8 所示。建成后五年时间里，Silver Lake 再也没有大肠杆菌超标，而且该地区的渗透性铺装材料也极大地提高了该地区整体的土地渗透性能。

BMPs 和 LID 虽然强调城市开发过程中水文特征的自然化，但实现方式均为分散式的雨水处理设施，尚难以把握城市整体生态环境应有的考量。针对这一不足，1999 年美国可持续发展委员会进一步提出了绿色基础设施（Green Infrastructure，GI）及绿色雨水基础设施（Green Stormwater Infrastructure，GSI）理念，即空间上由网络中心、连接廊道和小型场地组成天然与人工协同绿色空间网络系统，通过模仿自然系统内循环进程，来蓄积、延滞、渗透、蒸腾并重新利用雨水径流，削减城市灰色基础设施的处理负荷。据美国波特兰大学“无限绿色屋顶小组”（Green Roofs Unlimited）对占地 219 英亩（88.63hm^2）的波特兰商业区的研究分析，若将三分之一商业区（72 英亩，约 29.5hm^2）修建成绿色屋顶，可截留全年 60% 的降雨，每年可增加利用约 6700 万加仑（$2.54 \times 10^5 m^3$）的雨水，溢流量削减率达 11%~15%，所带来的生态效益颇为可观。因此，EPA 正在研究用 GI 或 GSI 来替代 LID 模式的可行性。2015 年 1 月，美国《晨报》（Morning Edition）也在大众媒体中对于有关海绵城市建设进行了广泛而深入的探讨（图 2-9）。

2. 英国可持续城市排水系统（SUDS）

可持续城市排水系统（Sustainable Urban Drainage System，SUDS）是 20 世纪 90 年代英国在借鉴美国 BMPs 基础上发展起来的城市排水新措施。相比于传统的城市排水系统，SUDS 更强调水质、水量和地表水舒适宜人的娱乐游憩价值，水系统的可持续能力成为排水工程规划的重要内容。

SUDS 通过源头、传输和末端处理三类技术设施形成雨水处理链，又在实施范围上将其分为预防、源头、场地、区域四级，全过程进行雨水的削减和控制。处理链首先建立雨洪预防体系，从家庭、社区等源头对雨水径流和污染物进行管控，而在下级更大范围的场地和区域，采用分级削减、控制、渗透或利用雨水径流的方法。SUDS 模式的城市规划主要通过强化过程控制、雨水排放许可监管和建设维护管理三种机制来保障具体实施，主要措施包括：①因地制宜地制定符合地区地质水文特点的规划措施；②将可持续城市排水系统的管理要点法定化，

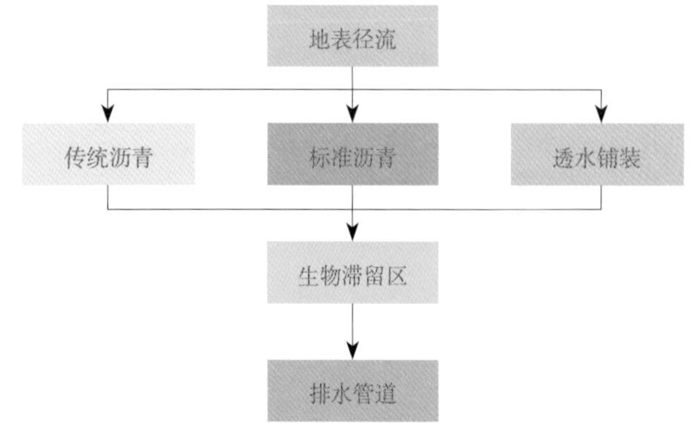

图 2-8 Silver Lake 停车场及周边区域地表径流进入排水管道过程示意图

图 2-9 美国 GSI 样板示例

编制控制导则和条例；③结合控制性详细规划进行雨水管理，将建设要点纳入规划中；④政府部门在审批规划方案时应当要求开发商提供可持续排水系统的详细方案。

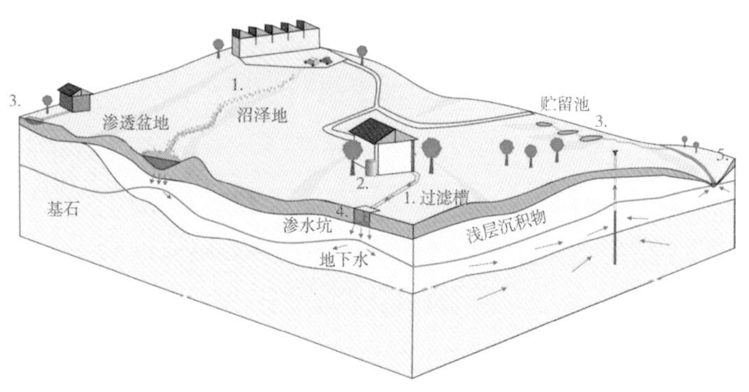

图 2-10　英国 SUDS 案例示意图

SUDS 通过对雨水的源头控制和利用，既可保证城市水系的自然水文循环，保持动植物自然生存环境的需要，在确保防洪安全的基础上，又能创造出丰富的自然水文环境，充分体现水系的可持续理念（图 2-10）。

伦敦奥林匹克公园占地面积约为 16.67hm^2，该地区曾经为著名的商业发展区，因保存了第二次世界大战中的建筑废墟而闻名。快速的战后经济恢复使该区域污染情况严重，即使经过治理，仍有大量污染残留。同时，场地中共有五片水系穿过，也限制了渗透排水系统的使用。为了应对百年一遇的降雨事件和气候变化带来的城市内涝灾害，该公园将径流收集后排入河道中。在 SUDS 开发过程中，在公园人行广场的路面使用了多孔沥青带结构，收集多余的地表径流，并将其渗透到沥青带下的多孔收集管道中。毗邻篮球馆和自行车赛馆的湿地区，使用过滤带和滞洪洼地收集的方法净化地表径流。永久保留的体育场馆内使用雨水收集系统。公园内主要道路采用传统排水沟和雨水收集系统的组合方式，公共休闲区铺设多孔沥青带以方便收集地表径流，景观廊道和主要景观节点也都设置了 SUDS 设施。设施建成后，公园的水质显著提高了，成为水獭、翠鸟、灰鹭、水鼠等野生动植物良好的避风港与栖息地。此外，公园湿地区域的进水口和排水口分别设置了过滤带和排水管，以便收集过量的地表径流，并排放至相邻的排水管道中，公园北部还设有地表排水系统。伦敦奥林匹克公园 SUDS 设施通过多学科合作，加强了公共区域的生物多样性和舒适度，并兼顾了排水设施的维护工作。

3. 澳大利亚水敏感性城市设计（WSUD）

澳大利亚的水敏感性城市设计（Water Sensitive Urban Design，WSUD）是将城市整体水循环和城市开发活动结合起来，通过城市规划和设计的整体分析，将开发活动对整体水循环的负面影响降到最低，同时创造更加有吸引力和人性化的生活环境。

WSUD 不仅针对单类水资源的管理或水灾害的防治，还包含水资源、水危机、水灾害的整体性空间解决方案。在城市层面，WSUD 旨在统筹解决水资源短缺、内涝灾害、水体污染、水土流失、地下水位下降等多种城市水生态环境灾害，通过模拟自然水循环过程的城市排水防涝体系，达到城市发展与自然水环境和谐共生的目标。该设计一方面以水循环为核心，将城市雨洪管理、供水、中水等系统看作一个整体，形成雨水、地下水、饮用水、污水及再生水的全水环节管理体系，有效协调雨洪控制、污染治理与城市发展之间的关系，促进城市水生态系统的健康，另一方面则通过源头控制的方式综合管理城市雨水，采用屋顶花园、生态滞蓄系统、人工湿地等工程措施促成水量水质问题的就地解决，不将问题引入周边地块，避免增加河流下游的防洪防涝和环保压力，同时推广使用雨水收集与处理设施，构建水回用系统，在削减雨水径流量、延迟峰现时间的同时，将景观绿地与水循环有机结合，以增强社会、文化和生态价值。

作为 WSUD 的典型案例，Moonee Valley 市雨水花园建造于 Moonee Ponds，总面积 4100m^2，建设费用总计 51977 美元。设计除了对雨水进行最佳管理，还兼顾提升了区域街区整体风貌。针对场地条件特征，设计师在考虑了安全性、交通、服务和垃圾等因素的基础上，按照如下原则进行 WSUD 设计和建造：①预留额外的滞留深度，在城市中保证绝对的人行道安全；②禁止车辆在路边碎石上行驶，避免对雨水花园的潜在威胁；③兼顾不明来源水流对排水系统的临时影响，预留排水系统冲击负荷设计；④改善过街人行道的方案，加强防暴雨措施防止内涝，减少 Blair Street 被淹没的概率；⑤统筹考虑行人流量大区域的垃圾处理处置，加强对雨水花园的后续维护。在不需要新型排水装置的区域，费用还可以进一步降低（表 2-1）。

WSUD 和传统雨洪项目设计费用统计表　　表 2-1

任务	费用（美元）	完成日期	责任人
细节设计—传统	3575	2008 年 12 月	工程服务公司
细节设计—WSUD	5500	2008 年 12 月	工程服务公司、咨询公司
施工—传统	21532	2009 年 5 月	承包商
施工—WSUD	21370	2009 年 5 月	承包商
总计	51977		

目前，WSUD 已成为澳大利亚城市开发活动中的强制执行标准，要求 2hm^2 以上的城市开发项目必须采用 WSUD 技术进行雨洪管理设计，主要内容包括控制径流量、保护受纳水体水质、将雨洪设施融入城市景观等。在工程项目中，WSUD 通常采用的水量控制措施包括下沉式绿地、可渗透铺装、地下雨水储蓄罐和人工湿地、雨洪公园等。而水质处理措施则主要包括道路雨水口截污盖、绿化缓冲区、植草沟、生态树池、雨水花园等，水量处理设施中的雨水花园、人工湿地等也具有良好的水质处理功能（图 2-11）。

图 2-11　澳大利亚 WSUD 案例实景图

4. 小结

整体而言，近年来 LID 在发达国家的应用模式主要在雨水进入市政管道之前，通过在场地上应用一些源头分散式小型设施，包括生物滞留（雨水花园）、绿色屋顶、透水铺装、植草沟等，对中小降雨事件进行径流总量和污染物控制，并以年径流总量控制率及设计降雨量作为重要的控制目标和设计依据。这种管理模式侧重于源头控制，可以界定为狭义的 LID 雨水系统。而具有绿色特征和生态功能、符合低影响开发理念的多尺度和多类型的整体设施，可以界定为广义的 LID 雨水系统。无论广义的 LID 还是 SUDS 或 WSUD，其涵盖的雨水设施种类都比狭义的 LID 更为广泛，目标也更综合且一致。上述理念在雨洪管理领域既存有差异，又具有内容上的交叉，其相关理论及其实践为构建我国“海绵城市”的战略指导和技术支撑提供了丰富的素材。

2.2.2 海绵理念的中国路径

城镇化是保持经济持续健康发展的强大引擎，是推动区域协调发展的有力支持，也是促进社会全面进步的必然要求。经济新常态背景下，我国城镇化始终保持高速节奏，城市快速发展也伴随着巨大的环境与资源压力，我国的生态资源瓶颈表明，外延增长式的城市发展模式在我国也已难以为继。党的十八大报告明确提出“面对资源约束趋势、环境污染严重、生态系统退化的严峻形势，必须树立尊重自然、顺应自然、保护自然的生态文明理念，把生态文明建设放在突出地位……”。

我国城镇化的典型特征是城镇屋面、道路、地面等设施下垫面硬化建设，这导致了 70%~80% 的降雨形成径流，仅有剩余的 20%~30% 的雨水能入渗地下，自然生态本底的可恢复性遭到了破坏,丧失了系统天然的“海绵体”功能。我国因此产生了一系列典型的恶性现象，包括逢雨必涝、遇涝则瘫、城里看海，继而引发雨后即旱、旱涝急转、逢旱则干、热岛效应、水体黑臭,由此也带来了水生态恶化、水资源紧缺、水环境污染、水安全缺乏保障等一系列问题。

2013 年 12 月中央城镇化工作会议上，习近平总书记提出要大力建设自然积存、自然渗透、自然净化的“海绵城市”，由此正式揭开了我国“海绵城市”理念引入城市发展模式的序幕。习近平总书记还强调，“海绵城市”建设是当前我国生态文明建设的重要内容，是实现城镇化和环境资源协调发展的重要体现，也是今后我国城市建设的重大任务。2014 年 2 月《住房和城乡建设部城市建设司 2014 年工作要点》中明确 ：“督促各地加快雨污分流改造，提高城市排水防涝水平，大力推行低影响开发建设模式，加快研究建设海绵型城市的政策措施。”明确提出海绵型城市设想。同年 10 月，住房和城乡建设部正式发布《海绵城市建设指南—低影响开发雨水系统构建》，提出了海绵城市的概念。2014 年 12 月，财政部、住房和城乡建设部、水利部联合印发了《关于开展中央财政支持海绵城市建设试点工作的通知》(财建〔2014〕838 号)，组织开展海绵城市建设试点示范工作，受到全国各省市政府的重视，得到相关领域人员的广泛关注和深入研究。

在党和政府的引领下，我国的学术界首先展开了对适应我国特色的“海绵城市”建设模式的探索。在第五届世界水大会上，我国研究者提出只有将 LID、GSI 及传统技术有机组合，形成体系，才是针对性缓解我国城市雨洪问题、提高雨水资源利用率、改善城市生态环境的有效途径。通过 SWMM（城市暴雨雨水管理模型）软件，可以建立我国城市区域的雨水系统模型，从而可以模拟分析铺设透水砖和下凹式绿地后区域出口干管洪峰流量的变化。研究者们还通过计算下沉式绿地的设计参数，从竖向、景观和植物淹水时间三方面对类似的代表性海绵设施进行了优化设计，并进一步给出了城市道路与植被浅沟、生物滞留槽、雨水花园、路缘石扩展的平面、竖向的雨水衔接关系。我国对海绵城市的理论和实践研究，已为政府及有关部门规划及实施海绵城市提供了丰富的理论依据，有助于我国真正实现海绵城市的发展目标。

统筹来看，海绵城市建设是对我国传统城市建设模式、排水方式进行深刻反思的重要成果，是城市生态文明建设不可或缺的组成部分。2015 年 4 月，财政部、住房和城乡建设部、水利部联合发文，公布了首批包括重庆、湖北武汉、福建厦门、陕西西咸新区、江苏镇江、吉林白城、贵阳贵安新区等 16 个城市的海绵城市建设试点名单。自此，我国海绵城市的建设工作正式在华夏大地生根发芽。

1. 厦门海绵城市建设

按海绵城市建设要求，建设 LID 雨水系统是解决厦门水资源、水安全、水环境、水生态相关问题的必由之路。作为第一批试点城市，厦门将马銮湾片区选作“海绵城市”建设试点区域，年径流总量目标控制率 75%，设计降雨量 24.1mm。马銮湾试点区包含了建成区、建设区、水域整治区和溪流治理区四大功能区域。“方案”中规划项目总数达到 59 个，2015~2017 年的专项总投资为 55.7 亿元，包括：新建或改造小区绿色屋顶、可渗透路面铺装及自然地面渗透化等，涵盖“渗、滞、蓄、净、用、排”六大方面的工程内容。调蓄水池雨水利用规模计划为 1 万 m^3/d。而实现污水再生利用的马銮湾再生水水厂近期规模为 5 万 m^3/d，远期为 15 万 m^3/d。通过高标准高起点建设马銮湾，不仅展示了厦门已建湾区改造提升的经验，还为厦门新建湾区的开发建设提供示范，为全国滨海城市建设勾画了全新的样板（图 2-12）。

2. 贵阳海绵城市建设

星月湖作为试点海绵城市贵阳贵安新区试点地区，开发建设前用地类型主要以水域和农林用地为主，沿河流分布有少量城镇用地。场地地形较平缓，多为缓、斜坡地形，整体上南北两侧高，中间低，形成河道两岸坡向中间水系的地形。场地内土主要以回填土、耕植土或淤泥土、红黏土等组成，人工填土厚度 0~6.3m，残坡积黏土夹碎石厚 0~5.0m，覆盖层厚度 0.3~9.6m，表层土渗透系数约 10^{-6}cm/s。基于其自身发展特点，相关工程从水安全保障、水环境改善、水资源保护、水生态修复 4 个方面实现星月湖两湖一河海绵城市建设目标，结合车田河生态河道断面设计、超标径流入河通道、末端径流污染控制措施等 7 项措施，构建完整、系统的新区两湖一河海绵城市试点建设。建设达到了规划设计条件年径流总量控制率目标要求，综合实现了水安全保障、水环境改善、水资源保护、水生态修复等多重效益，增强了公

图 2-12　厦门市海绵城市效果图

园与周边社区的互动联系，形成了良好的生态和景观效果。项目将城市水系、城市公园、海绵城市有机结合，统筹打造海绵体，成为山水田园之城的海绵城市样板，同时也成为省内外游客、居民休闲娱乐的首选目的地之一（图 2–13）。

3. 重庆海绵城市建设

重庆总面积为 8.24 万 km^2，山地丘陵面积约占总面积的 94%，主城区降雨丰沛，70% 以上的降水集中在 5~9 月，且雨型急促、降雨历时短，易形成强降雨。大雨及暴雨降水量约占年降水量的 40% 以上，低洼处洪涝灾害风险高。由于地形坡度起伏大，降水多且急，主城区的地表径流速度快。主城区土层薄，土质松散，渗透能力强，但由于地形坡度大，下渗雨水在低洼处快速出流，持水防冲能力弱，易水土流失，主城区水土流失强烈级以上的土地面积约占总面积的 25%。自然地表径流系数高达 0.45~0.50，是气候条件相似平原城市的 1.5~2 倍，是北方平原城市的 3~4 倍，径流总量控制难度大。

因此，重庆市结合山水空间足、坡陡起伏大、雨急径流快、土薄持水难的自然特征，同时针对径流污染较重的问题，综合采用“净、蓄、滞、渗、用、排”等措施，将 70% 的降雨就地消纳和利用，完善生态格局、改善水环境、修复水生态、加强水安全、保障水资源，建设“具有重庆特色的山地立体海绵城市”，以实现“水体不黑臭、小雨不积水、大雨不内涝、热岛有缓解”的目标。重庆现已初具山地立体海绵城市的形象，为其他山地城市海绵城市建设提供了借鉴，并为平原城市或其他特殊区域的海绵城市建设提供新的思路与方法，推动我国城市绿色发展，提高城市居民生活质量（图 2–14）。

4. 小结

在我国，无论是工程界、学术界还是政府管理者都已经清晰认识到,用“海绵城市”代替旧有的目标单一、高碳排放、高污染、粗放型的雨水排放模式已经迫在眉睫。通过一个个海绵城市建设试点的积累，我国正向生态友好型发展模式大步迈进。目前，我国已将海绵城市建设提高到国家战略高度，积极推动示范城市的海绵城市建设工作。与此同时，指导海绵城市建设的相关标准规范、技术指南、政策措施、考核办法等工作，也均正在有条不紊地推进中。海绵城市建设正成为“美丽中国”和未来“绿色城镇化”的有力抓手和一种长效机制，充分发挥着其在我国的城镇化和城市群建设发展过程中的重要历史作用。

图 2–13　贵安新区海绵建设效果图

图 2–14　重庆悦来生态保育区海绵试点项目

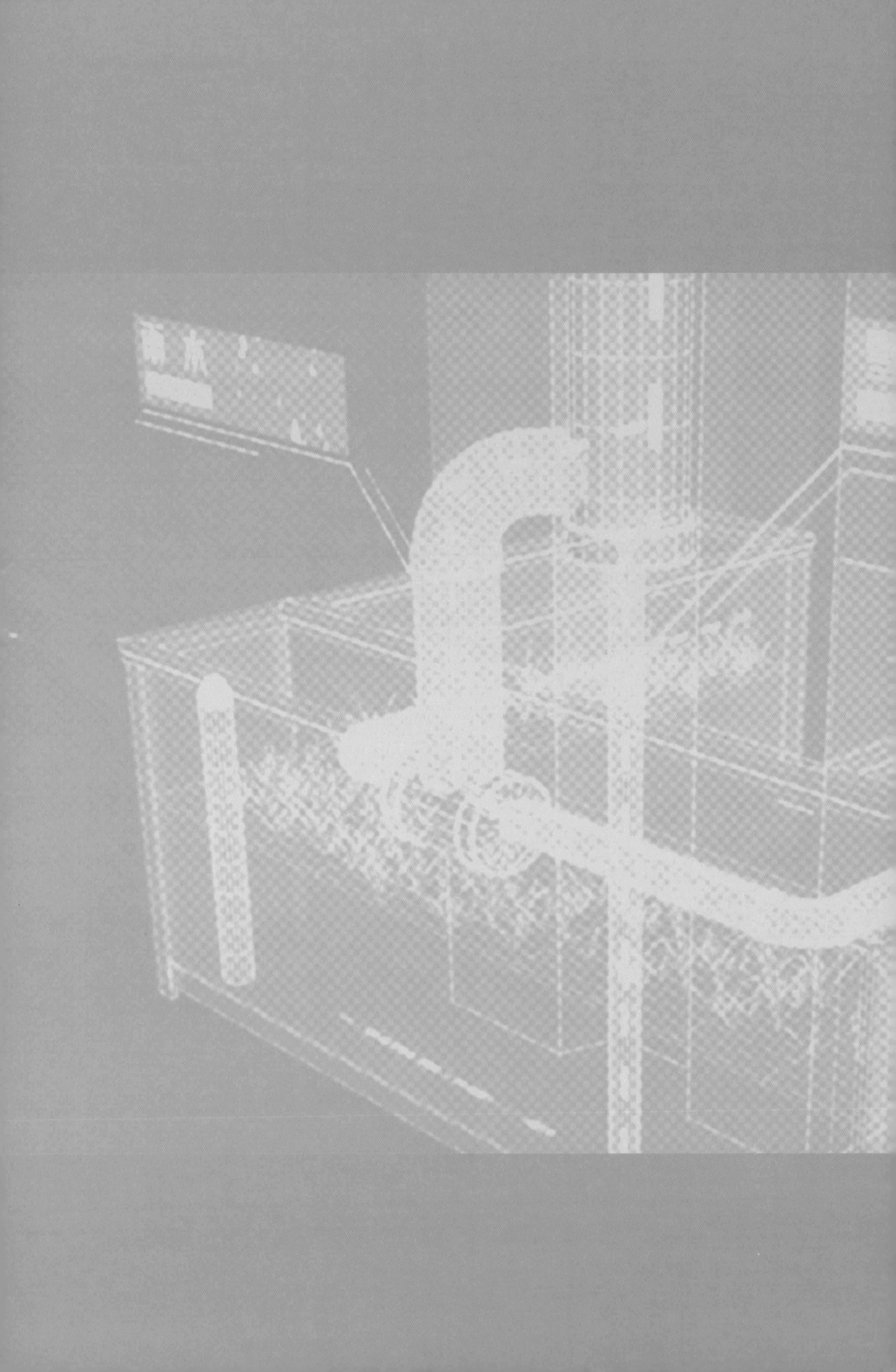

第3章

海绵机场——匠心独运的临摹

北京大兴国际机场的新挑战

水敏感区的纾困策略

“海绵机场”的华丽现身

第 3 章　海绵机场——匠心独运的临摹

3.1　北京大兴国际机场的新挑战

3.1.1　自然地理条件的约束

1. 地理位置

“区位优势”体现了各行各业为达到某种目标而有关于地理位置的考量，北京大兴国际机场地理位置的选择兼顾了京津冀协同发展和首都职能完善等若干方面。在综合考虑地理位置、气象条件、地形、防洪能力、航路、噪声影响等多种因素且经过多次全面、深入、科学、公正的分析论证后，北京大兴国际机场场址最终选定在北京市大兴区榆垡镇、礼贤镇和河北省廊坊市广阳区之间，场址范围为京霸铁路以东——永定河左堤路以北——廊涿高速、京台高速以西——礼贤镇大礼路以南。整个机场所处场地以榆垡镇南各庄村为中心，北距天安门46km、距首都机场约 67km，西距京九铁路 4.3km，南距永定河北岸大堤约 1km（图 3–1）。

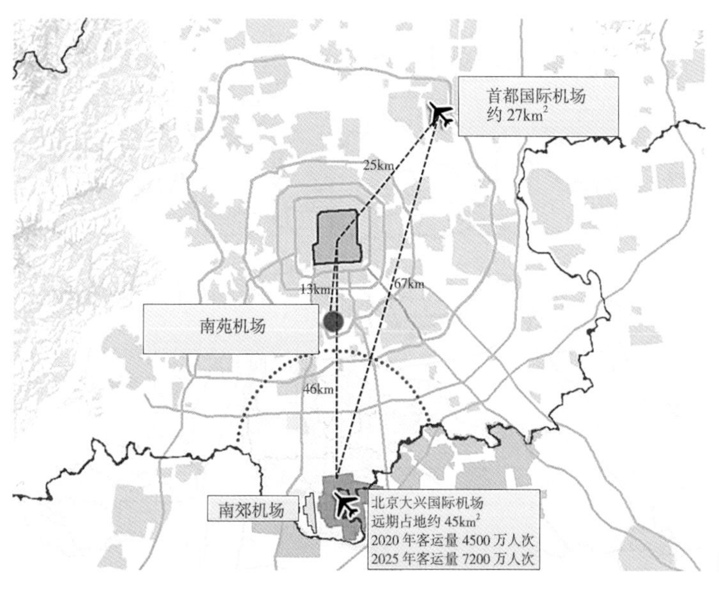

图 3–1　北京大兴国际机场地理位置图

2. 工程地质

建筑工程对建筑底部地质条件稳定性的要求较高。北京大兴国际机场建设同样离不开稳定的下垫面情况，需要进行场址区域的工程地质条件分析。选址区域内，南各庄位于永定河的北岸，地形总体开阔平坦，区域土地类型除地面建设用地外，其余大部分为已开垦的农田或林地，小部分为沙荒地。土壤系潮土类冲积物黏性二合土种和砂土，适宜农作物和林果种植。西南的永定河及灌渠斜贯镇域为 26km，农田有效排灌面积可高达 98%。另据勘测报告，在北京大兴国际机场场址地表以下 70m 深度范围内，表层为人工填土层，其下为新近沉积层及一般第四纪沉积层，土壤性质以粉土、黏性土及砂土为主，渗透性能良好，约 10^{-5}m/s（图 3–2）。

北京大兴国际机场场址所在区域的地貌按成因可分为三个地貌单元，以冲积—洪积平原为主，局部为风积—冲洪积沉积的沙丘和永定河河谷滩地等。永定河河滩为永定河冲积作用而成，表层为粉细砂，河滩高出周边自然地面 4~5m，总体向下游倾斜。北京大兴国际机场工程建设场地类别为Ⅲ类，地基土土质均匀，分布较连续，土体密实度和固结程度较好，抗震设防烈度为 7 度，周边无发震断裂通过，第四系覆盖层较厚，承载力相对较高，一般可达 150~200kPa，对在其上建设的一般建（构）筑物而言是良好的天然地基。此外，地下水位埋藏较深，对工程建设影响较小，在地震烈度为 7 度、现状水位情况下，饱和的粉砂土层均不液化。

总体而言，选址场地和地基较为稳定，无其他不良地质作用，较适宜机场工程的建设。

3. 气象条件

进一步考察气候问题，北京大兴国际机场场址位于中纬度区，此区域属于暖温带亚湿润气候区，受西风带影响，冬春季盛行偏北风、气候寒冷少雨雪，夏季炎热多雨，秋季天高气爽，四季分明，降水适中。年平均气温 11.5℃，一月平均气温 –5℃，极端最低气温 –27.4℃，7 月平均气温 26℃，极端最高气温 40.6℃。年平均日照总时数 2772h，太阳辐射量为 565kJ（135kcal）/cm²，日照充足，北京大兴国际机场是北京市太阳辐射最高的地区之一。全年风力不大，平均风速 2.60m/s，风向变化显著。年平均无霜期 209d，年平均雾日数 26d。年平均降水

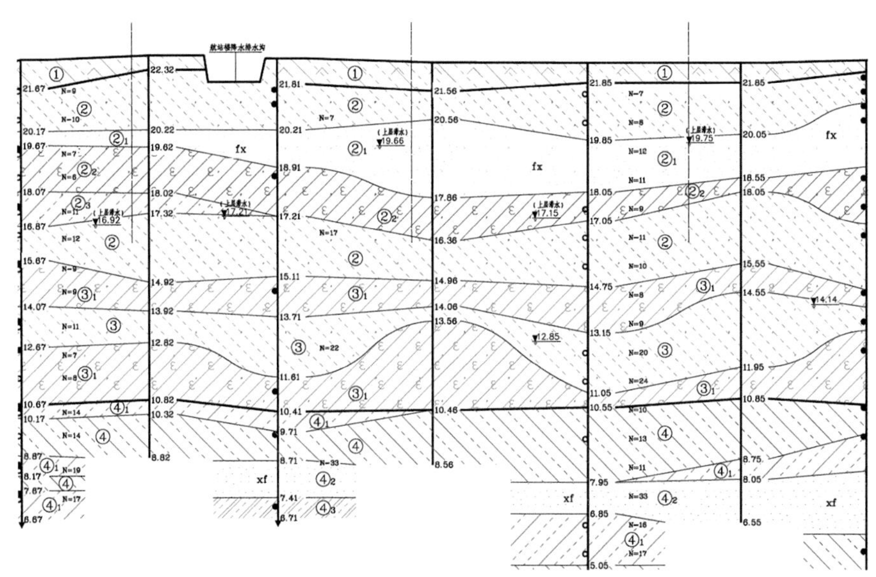

图 3–2　北京大兴国际机场工程地质剖面图

为 650mm，最少降水年为 1969 年，年降水量仅为 261.8mm，而最多降水年为 1959 年，年降水量达 1057.5mm。场地中易发生的灾害性气候一般为干旱、内涝、暴雨、冰雹、风害、低温冷害和冻害（图 3–3）。

4. 地下水文条件

北京大兴国际机场的建设离不开对地下水条件的分析，地下水作为地下条件的一部分，一方面要承受建筑所额外增加的压力，另一方面在建设过程中可能出现地下水溢出地表等问题，因此地下水文条件调查十分必要。据勘测资料显示，勘察钻探深度（70m）范围内观测到两层地下水。第一层地下水为上层滞水，勘察期间仅个别钻孔中饱和状态下的砂土、粉土存在揭露现象，该层水量较小，无成层稳定水位，其补给方式主要为灌溉及大气降水，排放方式以蒸发为主。第二层地下水埋藏较深，仅在航站区钻孔中有揭露，地下水类型为层间水，补给方式主要为大气降水和地下径流，排放方式以蒸发和地下径流为主。

根据区域地质资料及附近水文观测孔资料显示，场地历年最高地下水水位接近地表，近 3~5 年最高地下水位绝对标高在 5.00m 左右（不含上层滞水），年水位变化幅度 0.5~1.0m。由于场地地下水埋藏在地表以下 20m 左右，故不考虑施工降水问题。

根据水质化验分析结果，本区域内地下水的水质类型主要为 HCO_3^-–Mg^{2+}、HCO_3^-–Ca^{2+}+Mg^{2+} 型等，矿化度一般为 500mg/L 左右，硬度为 300mg/L 左右，小部分地区地下水硬度、Fe 等指标超过国家饮用水标准，但大部分地区各项指标符合国家饮用水卫生标准，地下水水质总体较好。

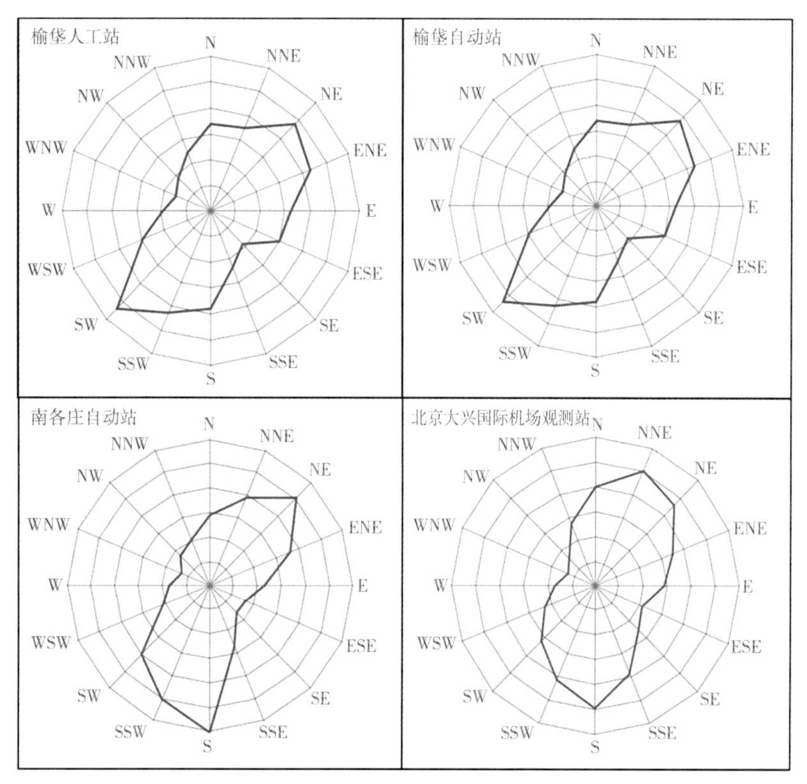

图 3–3 北京大兴国际机场风玫瑰图

5. 地势条件

（1）现状场地地势

北京大兴国际机场规划用地整体地势低于周边地区，地形总体呈西高东低、北高南低趋势，东西高差约 3m，南北地势高差约 1m。场址内原地面坡降约 0.3‰，原地面标高 20.0~25.0m，砂丘及砂垅顶部标高达 27.0~29.0m（图 3–4、图 3–5）。

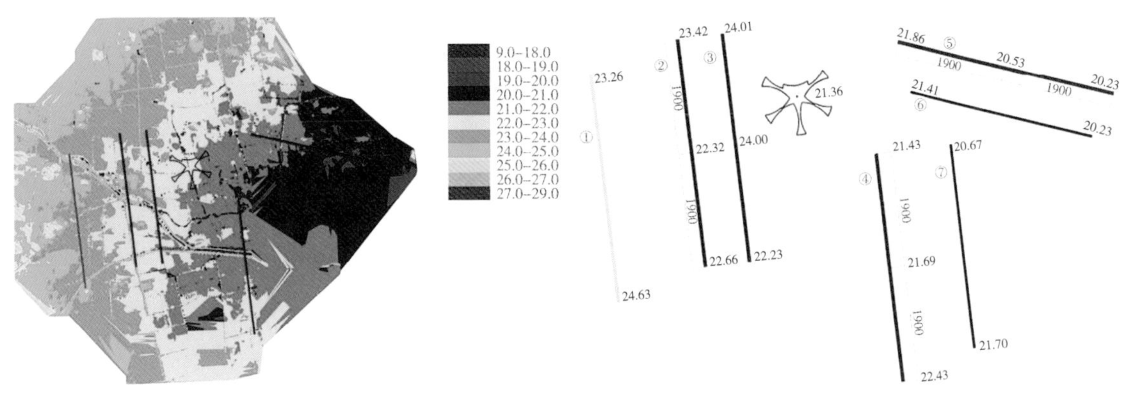

图 3–4 北京大兴国际机场地形示意图

图 3–5 原地面标高示意图

（2）地势设计方案的确定

为适应机场建设的地质条件，机场本期总占地面积约 27km²，远期规划总占地面积为 45km²。按照《民用机场飞行区技术标准》MH5001—2013 规定的各项指标要求，全场地势设计力求全面、系统、综合，并应充分考虑各个相关影响因素的限制要求及相互作用，因此在地势设计方面提出三个比选方案，分别为土方自平衡方案和两个衍生方案。

1）土方自平衡方案

土方自平衡方案设计无需考虑防洪问题，其核心是通过设置合理坡度，以达到场区内各分区土方平衡。在充分考虑各种相关影响因素的基础上，除跑道、站坪、滑行道、航站楼等有较高要求区域外，其他区域需尽量保持全场地势总体趋势与原始地形地势一致，在满足使用要求及有关标准的前提下减少填挖。此外，北京大兴国际机场南临永定河，北临永兴河，除航站楼、跑道等区域外，其他区域设计地势均低于外部洪水位。

2）衍生防洪方案

在考虑场区防洪及土方平衡方案的前提下，衍生防洪设计通过将易受到洪水淹没的地区标高抬高，以确保防洪安全性。经校核，为防范机场以西部分雨洪流入场址造成洪水淹没现象，主要对西二跑道及西一跑道的标高进行抬高，西飞行区累计需抬高高度为 2.31m。经土方量计算，累计借方达到 1683 万 m³。

3）衍生自流排水方案

场区雨水排放采用全自流模式，因此主要采用由下游水位反推场区排水标高的方法确定排水方案。根据土方平衡方案的排水标高以及两者之间的高差，普升普降整个场区标高，获得新的地势方案。综合计算后，为保证场区能自流排水，需要将场区标高整体抬升 5m。经土方量计算，累计借方达到 1.09 亿 m^3。

经系统比较以上相关方案，除土方自平衡方案外，其他方案均需要大量借方，而场址所处地理位置附近并无合适土方来源，而且大量借方极易破坏取土源地区的植被及生态环境，并会在土方运输过程中造成大量能源消耗，对沿途生态环境造成污染，若修复及治理则会产生巨大投资量，故地势方案最终选用土方自平衡方案。

3.1.2 时代定位与新使命

1. 国家规划定位

北京的四大战略定位之一是成为服务国家开放大局、具有全球影响力的大国首都，这个定位的重要体现就是现代化的国际交往中心。经过改革开放后的快速建设，北京的国际交往规模也飞速成长，从 2014 年到 2019 年，首都机场旅客吞吐量增长情况如图 3-6 所示，作为国际交往重要保障的首都机场，其客流吞吐量即将达到饱和，而原有的西郊机场与南苑机场难以满足北京整体航空业务增量的需求，因此北京大兴国际机场建设在“十二五”期间已经列入国家级的重大基础设施计划。北京大兴国际机场的建设不仅满足北京地区航空运输增长需求、完善京津冀都市圈综合交通运输体系，也可促进京津冀区域经济协同发展。在功能定位上，北京大兴国际机场是与首都机场地位相匹配的新桥头堡，是首都具有代表性可辐射全球的大型国际枢纽机场。

2. 城市发展定位

因历史文化、自然因素等影响，首都城南的发展一直相对滞后，城南战略也成为北京实现均衡发展的重大部署。北京大兴国际机场地处城南的大兴区，是城南行动计划的重要举措和重点工程。北京大兴国际机场的建设必将带动区域临空产业的发展，极大地提升区域产业层级，创造更多就业机会。而北京也将形成南北两大“国门区”的格局，这对于实现南城战略，平衡南北经济发展水平，实现平衡发展将发挥重要作用。

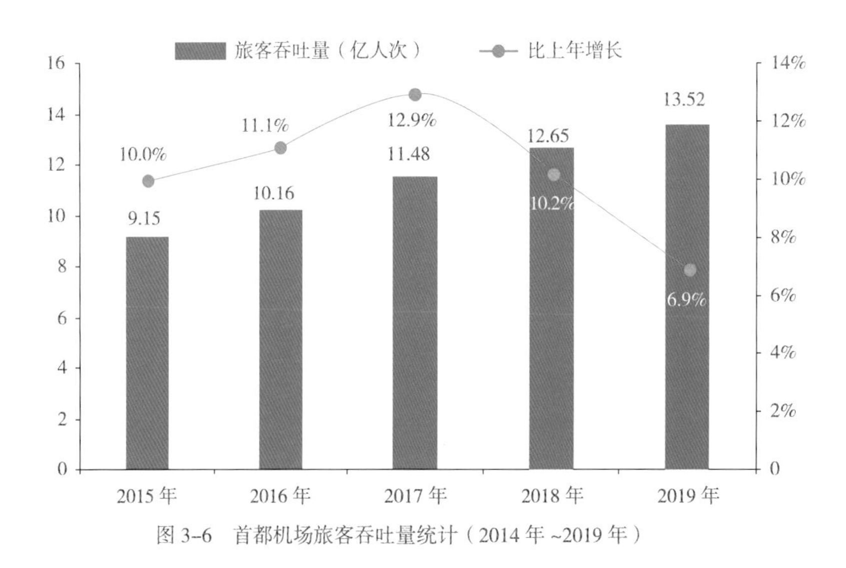

图 3-6 首都机场旅客吞吐量统计（2014 年 ~2019 年）

3. 城市功能定位

在空中商务活动越来越频繁的今天，机场正逐步担负起类似具有综合性功能的大都市商务核心区的责任。从首都机场的发展来看，机场周边已经聚集了产业区、物流区、会展区、商业区、居住区、酒店区、休闲娱乐区等功能区，逐渐成为一个功能完备的区域发展中心。北京大兴国际机场也要站在优化首都功能布局的高度来推动建设。随着以北京大兴国际机场为核心的新的临空经济带的形成，不但将带动区域临空产业链的发展，更将协调北京南部地区城市空间布局，逐渐完善城市功能，逐步发展各种配套生活设施，从而成为首都新的城市功能节点。

4. 区域模式定位

目前，京津冀地区缺少枢纽机场、枢纽港群和区域快速交通系统等重大区域性基础设施，而北京大兴国际机场的建设可有效改善这一状况。借助高效快捷的航空运输体系，可加快改善周边市政配套设施和交通，吸引更多临空产业的聚集，从而迅速形成产业链条完备、服务功能齐全、高效率、高产值的临空产业集群，产业集群又将进一步促进京津冀地区的经济联系，进而影响和统筹京津冀经济圈的整体发展。

3.1.3 因地制宜的设施规划

1. 总体用地布局

北京大兴国际机场根据其“大型综合枢纽机场”的战略定位，其场区规划以满足机场高效运营为目标，对飞行区、航站区、工作区、货运区、机务维修区以及其他区域等各个分区的位置与规模进行合理安排，并对相关区域就近安排，从而达到联系方便、顺畅的目的。

飞行区的规划包括跑道系统、滑行道系统以及站坪服务区，远期规划设置7条跑道，近期设置4条跑道。

航站区的设计包括航站楼、站坪、空侧交通。航站楼为“主楼＋卫星”的形式，即“双尽端、长指廊主楼 + 十字卫星厅、站坪与平滑之间设置下穿内部连接道路模式”，由北向南分期建设。

工作区的主体区域分布于机场南北航站区外侧，分为南北两个工作区。北工作区的范畴为南至楼前停车场，北至机场边界，东西宽度大致与跑道间距一致，而机场中轴线东西各500m、楼前高架以内的区域，是北工作区的核心区。南工作区位于南部航站以南到机场边界的区域。本期主要建设磁大路以西、魏石路以东、航站楼以北及机场北围界以南的区域。该期的工作区主要功能集中设置在三个区块之中，分别为综合办公区、综合保障服务区、公用配套设施区。

货运区位于北一跑道以北、磁大路以东，通过呈整体性的绿地、水系与机场工作区分隔。本期货运区可满足年运输200万t货物量的需求，未来向东发展，远期规划可容纳全部国际货运量，该区域不布置大型的快件转运枢纽。货运区除货库外，还布置货运代理、物流、仓储、办公等与货运密切相关的功能区。

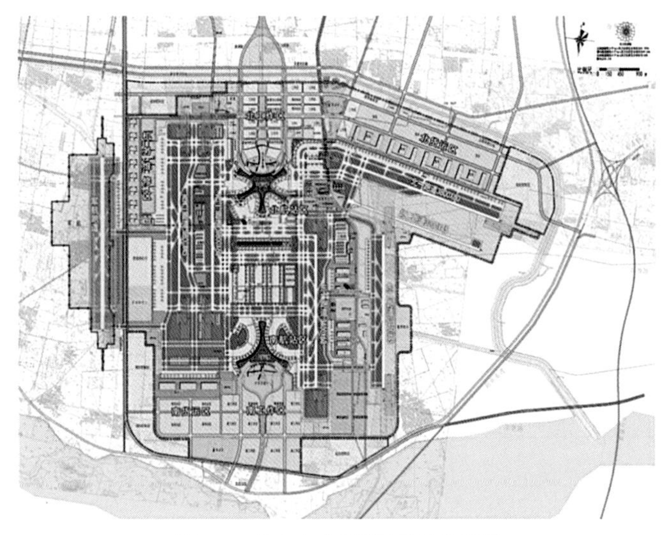

图 3–7 北京大兴国际机场总平面图

机务维修区位于西二、西三跑道之间，北侧与西二跑道北端齐头。该区为航空公司维修基地和第三方维修基地，不设置航线维护功能（航线维修功能靠近站坪）。此区域用地充足，发展灵活，用地进深和面宽可满足多种不同性质企业进行独立运作及联合运作，利于机务维修集中发展，形成一定规模的产业集群，同时便于空防安保等相关部门统一管理。

其他功能性区域规划包括机场货代仓储区、租赁区、公务机区和私人飞行区域等。北京大兴国际机场用地的布局整体规划如图 3–7 所示。

2. 市政基础设施布局

（1）污水处理系统规划

北京大兴国际机场污水处理系统的规划以满足机场污水排放要求为原则，按外围市政污水受纳要求、总体规划布局及近远期建设规模，统一规划、分期建设，并适当考虑长远发展需求。

1）建设规模与要求

北京大兴国际机场近期按全年旅客量 4500 万人次估算，机场平均日污水量约为 1.65 万 m^3，最大日污水量约为 2.3 万 m^3；近期进一步按 2025 年旅客量 7200 万人次估算，机场平均日污水量约为 2.4 万 m^3，最大日污水量约为 3.4 万 m^3。远期按全年旅客量 1.0 亿人次估算，机场平均日污水量约为 3.8 万 m^3，最大日污水量约为 5.3 万 m^3。

北京大兴国际机场将对餐饮、食堂、机务维修等排放的含油污水进行隔油预处理，使污水中含油量达到《污水综合排放标准》GB 8978 中规定的三级标准后，与生活污水一起经市政污水管网排入污水处理厂进行处理。

2）排水管网

根据污水量估算情况，场内排污干线管网采用规格为 *dn*300~*dn*1200 的优质塑料管。为避免污水管道铺设距离长导致下游管道埋深过大，在沿途还设置若干污水提升泵站，以减小管道埋深（图 3–8、图 3–9）。

3）污水处理厂

建设期内，由于北京大兴国际机场周边尚无条件适合的污水处理厂能够接纳北京大兴国际机场产生的污水，故场区内需要新建 1 座污水处理厂。机上粪便需经化学药剂预处理后才可排入污水处理厂，近期规划中还会在机场西北角污水处理厂附近辅助建设 1 座航空污水处理站，远期将在南区再建设 1 座航空污水处理站。

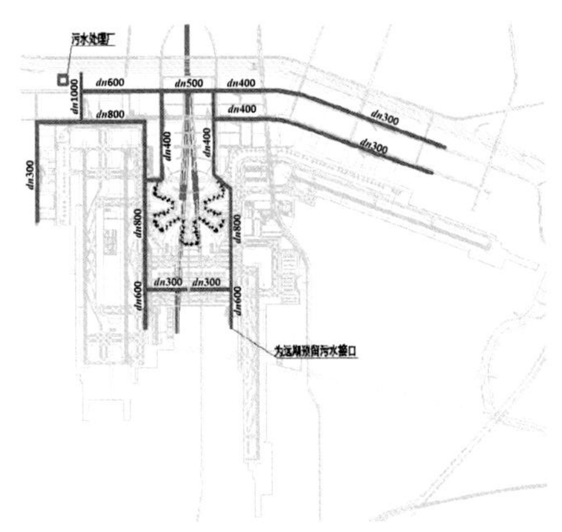

图 3-8　北京大兴国际机场污水管网规划图（1）

图 3-9　北京大兴国际机场污水管网规划图（2）

根据规划，近期北京大兴国际机场污水处理厂位于北京大兴国际机场主导风向的下方向，因远离北京大兴国际机场工作区，故对北京大兴国际机场环境的影响较小。同时，污水处理厂与受纳水体北京大兴国际机场排水明渠的距离非常近，处理后的出水可以顺畅排放。该厂东西向最长边为 205.5m，南北向最长边为 352.0m，地块面积为 57954m^2。北京大兴国际机场污水处理厂按照本期、近期、远期分步建设，对应的污水处理能力分别为 2.0 万 m^3/d、3.0 万 m^3/d、5.0 万 m^3/d。

北京大兴国际机场污水处理厂设计进水水质综合参考类似工程实测污水水质、国家及北京市有关“排入城镇污水处理厂的水污染物”排放标准确定，而设计出水水质综合参考北京市《城镇污水处理厂水污染物排放标准》DB 11/890—2012 及北京大兴国际机场再生水利用要求确定。北京大兴国际机场污水处理厂设计进出水水质见表 3-1 所列。

北京大兴国际机场污水处理厂设计进出水水质　　表 3-1

指标	单位	设计进水水质	设计出水水质	处理程度（%）
CODCr	mg/L	450	30	93.3
BOD_5	mg/L	250	6	97.6
SS	mg/L	300	5	98
NH_3-N	mg/L	35	1.5（2.5）	95.7
TN	mg/L	40	15	62.5
TP	mg/L	8.0	0.3	96.3
色度	倍	50	15	70.0
总大肠菌群（杂用）	个 /L	—	3	—
粪大肠菌群（景观）	个 /L	—	1000	—
pH	mg/L	6.5~9.0	6.5~9.0	—
水温	℃	12~25	12~25	—

注：12 月 1 日 ~3 月 31 日执行括号内的排放限值。

（2）雨水系统规划

北京大兴国际机场雨水排除体系依据外围水系情况、总体规划布局及近远期建设规模进行规划，以满足机场雨水排水要求、保证机场汛期安全、提高机场水环境质量、创建机场水景与绿化景观为原则，遵循循环水务、绿色机场、生态治河、充分利用雨水资源的理念，全面规划，合理布局，建设安全、环保的雨水排水系统。

1）雨水排除原则

对于北京大兴国际机场这样的大型地面建筑，为高效解决雨洪问题，雨水排水系统需设计成高效的处理板块，实现对雨洪的版块精确化处理。雨水排除系统设计须在符合北京大兴国际机场雨水排除规划要求并满足总体规划方案的基础上，确定雨水子系统空间布局，从而达到空、陆侧雨排系统、场区雨水调蓄设施、场区控高和排水明渠水位等相协调的目的。项目雨水排除系统采用雨污水分流制建设，雨水管沟按照规划分段敷设，并结合二级排水系统，充分利用地形顺坡排水，以减小管沟埋深，降低工程投资和运行费用，同时确保与各建筑及小区雨水系统相连接。此外，雨水排除系统建设也须充分贯彻低影响开发（LID）理念，采取各种有效的雨水控制与利用技术，并合理安排雨水设施，达到便于管理维护，控制径流污染，减少污染排放，实现区域可持续水循环的目的。

2）雨水排除标准

近年来，受全球气候变暖影响，极端天气频发，将北京大兴国际机场设计成能抵御多大强度的洪水是需要探讨的问题。根据总体规划及可行性研究报告，场区空、陆侧雨水设计降雨重现期 P=5 年，航站区设计降雨重现期 P=10 年，地面集水时间为 10min，并按 50 年一遇内涝防治设计重现期进行校核。在立交桥处设有雨水提升泵站，按降雨重现期 P=30 年设计。雨水系统设计以《城镇雨水系统规划设计暴雨径流计算标准》DB11/T 969—2016 为依据。按北京市暴雨强度分区，北京大兴国际机场属于第 II 区，当 5min<t ≤ 1440min，P=2~100 年时，暴雨强度公式为：

$$q=\frac{1602\left(1+1.037\lg P\right)}{\left(t+11.593\right)^{0.681}}\left(\mathrm{L/(s\cdot hm^2)}\right)$$

结合场外雨水受纳水体的排水高程及承载能力，在雨水管网及场道排水沟末端出水口位置设雨水调节池及泵站。近期全场外排总量按 30m^3/s 考虑，远期全场总排水量在今后根据发展的实际需求，结合远期建设项目洪水影响评价进一步论证。

3）雨水排除系统

北京大兴国际机场内设有二级排水系统，排水系统由雨水管网、一级调节水池及泵站、二级调节水池及泵站和排水明渠组成，整体分布如图 3–10 和图 3–11 所示。各区域雨水经雨水管道（排水沟）收集后排至相应的调节池，经调节池蓄水削峰后由一级泵站提升至排水明渠。雨水进入排水明渠后顺流而下排至二级调节水池，再次蓄水削峰后由二级泵站提升排至改线后的永兴河。排水明渠对场区排水起到蓄水削峰的重要作用，同时在航站区及部分工作区有改善区域微气候及景观的效果。

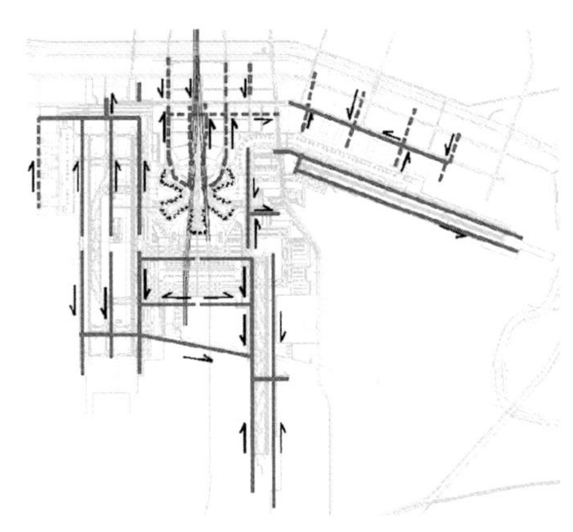

图 3–10 北京大兴国际机场雨水管网规划图（1）

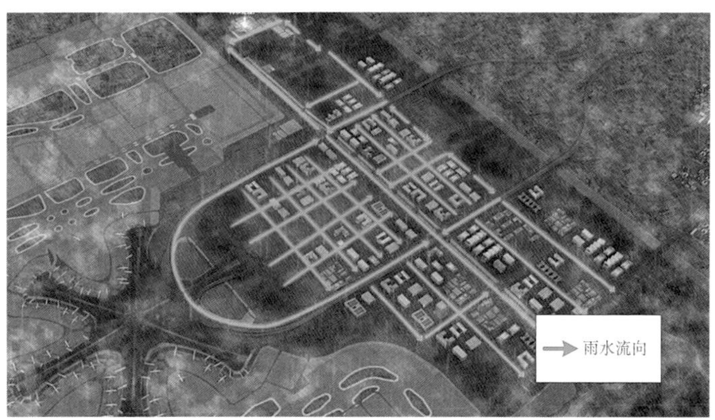

图 3–11 北京大兴国际机场雨水管网规划图（2）

二级排水系统按照重力流排放设计，自排为主，强排为辅。除依靠重力实现雨水自排之外，对于某些地势低洼难以实现雨水自排地区依靠水泵实现雨水强排。机场雨水管网建设结合近远期建设规划随路敷设，管材采用优质塑料管及钢筋混凝土管，沿路布置雨水口，雨水口间距为 30~40m，雨水管网最小管径为 *dn*300。各地块内均留有雨水检查井，以确保各建筑小区雨水系统接入场内雨水管网系统。

由于低洼区域容易造成积水，故根据道路规划和地势情况，在立交桥及下穿道旁建设雨水提升泵站，有效地将附近低洼地区的雨水排入场内雨水管网内。此外，维修机坪及油库等区域产生的含油雨水经过油水分离器预处理后，方可排入场内雨水系统。

（3）再生水系统规划

为节约用水，缓解水资源紧缺的现实问题，北京大兴国际机场将机场内全部污水进行深度处理达到再生水水质标准后作为再生水使用。机场根据不同建设阶段，分为本期、近期、远期，再生水总水量即为污水处理总量。

再生水需水量根据用地性质、需水量标准及各建筑单体需水量进行预测。按全年旅客量 4500 万人次估算最高日再生水量约为 13000m^3，按全年旅客量 7200 万人次估算最高日再生水量约为 18000m^3，按全年旅客量 1 亿人次估算最高日再生水量约为 24000m^3。在本期再生水设计中，将全部污水以及场内一、二级调蓄设施内存储的部分雨水作为再生水水源进行深度处理，根据水量平衡分析，场内再生水水源能够满足场内再生水使用需求。再生水水质符合《城镇污水处理厂水污染物排放标准》DB 11/890—2012 A 级标准及《城市污水再生利用 城市杂用水水质》GB/T 18920—2002 和《城市污水再生利用 景观环境用水水质》GB/T 18921—2002 中规定的标准，空调循环冷却水及冷却塔补水等需要特殊水质要求的，其供水深度处理设施在相关的项目中考虑。

北京大兴国际机场场内再生水系统主要用于冲厕、绿地浇洒、车辆冲洗、道路清洁、空调循环冷却水补水。再生水总量除满足以上机场用水需求外，还用于场内排水明渠及人工湖景观补水等。

再生水回用管道依据远期用水量确定，干管规格为 *DN*300~*DN*700。管道设计基于近、远期相结合，分期实施的原则，沿规划道路敷设环状管网，位置偏远区域可敷设为支状，在考虑将来连成环状管网的情况下，在竖向联络道处预留有 2 个 *DN*500 的管道接口，从而为远期南区用户供应再生水提供前期基础。此外，单独设置污水处理厂退水管兼作再生水补水管，从再生水处理设施连接至排水明渠，再生水多余水量通过补水管直接排入排水明渠及人工湖，补充景观用水（图 3–12、图 3–13）。

3. 景观绿化布局

北京大兴国际机场绿地景观规划遵照机场规划路网框架，结合机场区域交通体系、航站区楼前用地开发以及机场水系规划等条件，制定北京大兴国际机场景观结构框架。经过多次分析研究，北京大兴国际机场形成“一带—两核心—三片区”的景观结构。北京大兴国际机场景观规划结构如图 3–14 所示。

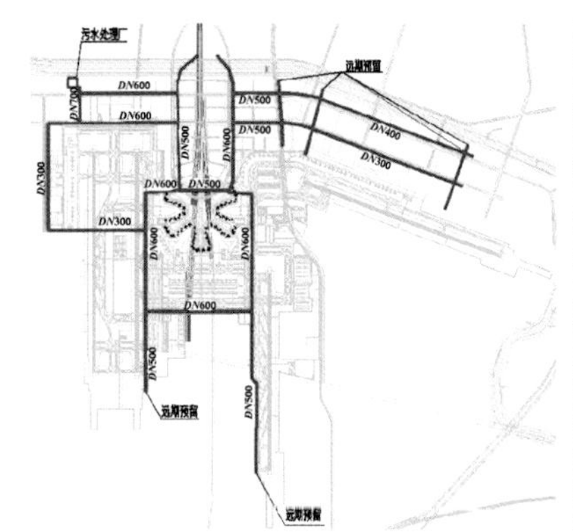

图 3–12 北京大兴国际机场再生水管网规划图（1）

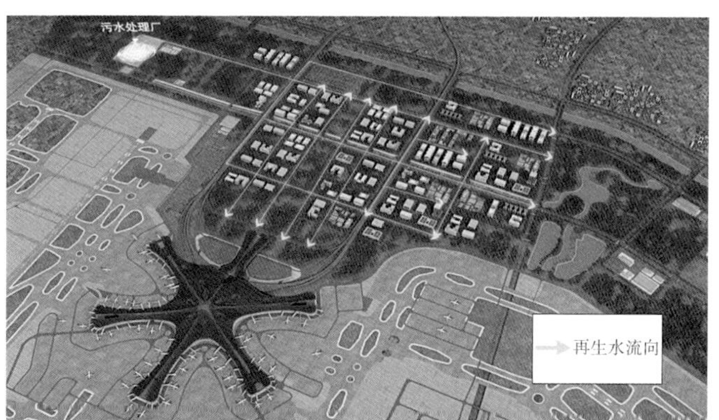

图 3–13 北京大兴国际机场再生水管网规划图（2）

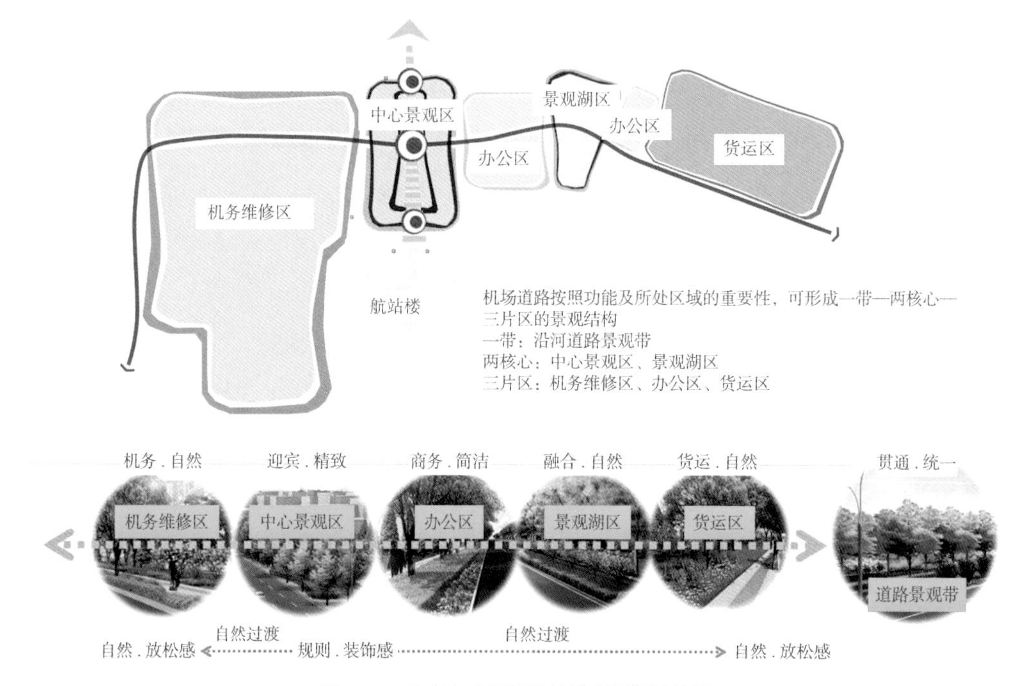

图 3–14 北京大兴国际机场景观规划结构图

其中，“一带”指沿河道路景观带，是北京大兴国际机场场内区域最重要的景观轴线，位于距离航站楼最近的一条东西向联络道路的线位上，是连接机场西侧机务维修区、航站区、工作区以及东侧货运区的主要道路，沿轴线两侧形成较为密集的交通聚集和人行流线。同时，机场内部水系和部分调节水池沿该轴线布置，因此该轴线具备天然的景观吸引力。该轴线的设计打造出亲切宜人的滨水环境，形成了良好的街道空间和步行景观环境，是区域生态系统的核心脉络。

“两核心”分别是“中央景观区”和“景观湖区”。其中，“中央景观区”是区域最重要的景观轴线。“中央景观区”作为航站楼和进场路的视线通廊，连接机场外围进场路与航站楼，可有效增强区域土地的景观品质，提升沿轴线两侧规划的办公区的土地价值。此外，该区域下层作为轨道交通的进场线位，规划为景观绿化带是最恰当的选择。“景观湖区”，位于楼前工作区与东侧货运区之间，是工作区舒缓的人行空间与货运区较为密集杂乱的车行空间之间的天然屏障。同时，也是机场外围自然生态系统向机场的渗透，是机场与周围生态环境有机融合的结合点。景观湖中大面积的生态绿地和水体作为机场的“绿肺”，是提升区域生态系统生态环境质量的关键要素，同时景观湖还可用来调蓄雨洪，为机场高效稳定运营提供有力保障。

“三片区”分别是“机务维修区”“办公区”“货运区”。根据规划，这三个区域也是机场区域内的三个核心区域。因此，对这三个核心区域的景观环境进行了着重打造，依据以人为本的核心理念，建构适宜的景观特色，机务维修区与货运区呈现自然放松，办公区商务简洁，提升使用者的景观体验，提升区域景观品质。

综合来看，由“一带—两核心—三片区”的景观结构构成的北京大兴国际机场景观结构框架，可以较为全面地覆盖机场飞行区以外的大部分用地，重点突出地提升机场范围内最具价值的区域核心用地，是机场今后开展深入景观规划设计的前提，是对机场用地功能分区的有效对接和有益补充。

4. 水环境系统布局

（1）周边河道水系

北京大兴国际机场南临北京西部重要的防洪排水河道——永定河，北临大兴排涝河道——永兴河，因此，机场主要受上述两河的洪泛区影响。北京大兴国际机场与洪泛区相对位置示意图，如图 3–15 所示。

1）永定河

永定河流经北京市门头沟区、石景山区、丰台区、大兴区和房山区等五区，境内河道总长约 170km。永定河是北京西部主要泄洪河道，同时也是北京市最易引发洪水灾害的河流。永定河防洪体系以官厅水库为主要控制工程，由卢沟桥分洪枢纽、永定河

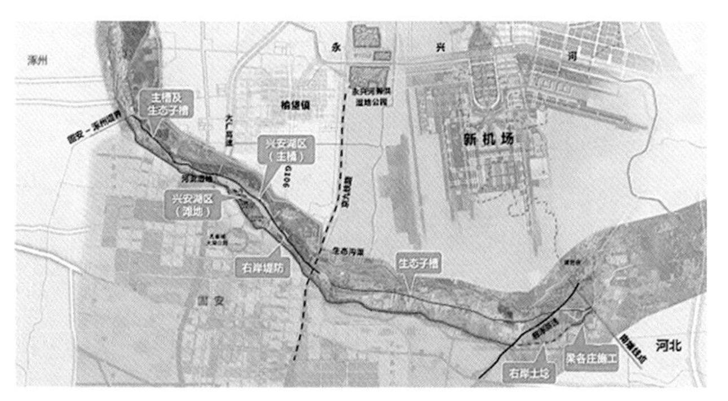

图 3–15 北京大兴国际机场与洪泛区相对位置示意图

滞洪水库、两岸堤防等工程共同组成，防洪标准为 100 年一遇。北京大兴国际机场所在区域位于永定河滞洪区西北部，该区域边界由永定河南大堤、北小埝、天堂河北堤和新北堤组成，其中北小埝下端在天堂河右堤以上留有 1300m 长缺口，为寺垡辛庄口门。当永定河洪泛区行洪时,洪水通过寺垡辛庄口门向上漫溢。北京大兴国际机场场址占压洪泛区一分区的部分区域。永定河洪水对北京大兴国际机场场址现状地形影响见表 3–2。

永定河洪水对北京大兴国际机场场址现状地形影响　　表 3–2

序号	项目	50 年一遇	100 年一遇	200 年一遇
1	淹没场址面积（km^2）	7.32	8.08	8.68
2	最大淹没水深（m）	0.90	1.04	1.07

2）永兴河（原天堂河）

永兴河是位于永定河东侧、京开公路西侧的一条主要城市排水河道，发源于大兴区北天堂村和立垡村附近，由北向南流经黄村、北臧村、定福庄、庞各庄、榆垡、礼贤等乡镇和天堂河农场，在河北省安次区境内汇入永定河。1958 年，在天堂河上游修建了埝坛水库，自此永兴河源于埝坛水库，河道全长 37km，总流域面积为 333km^2。但值得注意的是，永兴河流经北京大兴国际机场场址河段规划防洪标准仅为 20 年一遇，当流域内发生 100 年、300 年一遇洪水时，河道会漫溢，流域内洪水将会在下游地势低洼地区汇集，可能对北京大兴国际机场造成淹没影响（表 3–3）。因此，在前期的设计规划过程中，明确河道水系与机场建设的相互影响关系，找到解决淹没问题的措施，将影响降至最低，显得尤为重要。

永兴河 100 年一遇和 300 年一遇洪水淹没分析计算成果表　　表 3–3

方案比较	重现期（年）	洪水总量（万 m^3）	流域最大淹没水深（m）	机场所在区域平均淹没水深（m）	
				机场西部	机场东部
机场修建 永兴河不排泄	100	54300	3.2	1.2	2.2
	300	7350	3.8	1.8	2.8
机场修建 永兴河排泄	100	2540	2.0	0.0	1.0
	300	4250	2.6	0.6	1.6

（2）河道水系与北京大兴国际机场建设的相互影响关系

1）永定河与北京大兴国际机场

永定河对洪泛区与机场之间的关系产生影响。北京大兴国际机场对洪泛区的影响方面：由于北京大兴国际机场占用洪泛区一分区采用自下而上的使用原则，且一分区为最后使用的分区，面积较小，根据北京市水利部门对于北京大兴国际机场涉洪问题的相关分析，场址对洪泛区影响不大，可通过调整调度方案或采用工程措施，利用洪泛区其他区域承接被占用区域水量。洪泛区对北京大兴国际机场的影响方面：由于场址建设会破坏新北堤，且场址位于地势低洼区域，因此永定河洪水可能会漫溢进入场址。根据前期研究成果，采取迁建新北堤或封堵寺垡辛庄口门的措施。迁建新北堤可在部分保留洪泛区面积的情况下，保证场址不受洪泛区的影响；封堵寺垡辛庄口门则通过彻底取消一分区的方法解决洪泛区对北京大兴国际机场的影响。

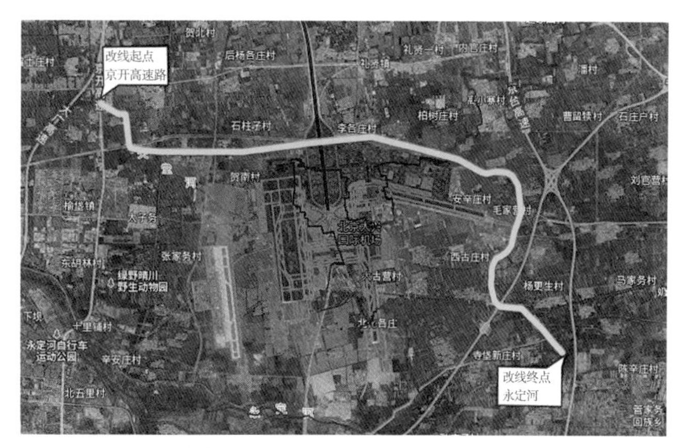

图 3-16　永兴河改线段与北京大兴国际机场位置关系图

2）永兴河与北京大兴国际机场

由于永兴河现状位置自西向东横穿北京大兴国际机场用地，北京大兴国际机场建设会占压现状永兴河部分河道，因此对其进行了改线。永兴河道改线方案的主要内容包括：永兴河河道在京九铁路桥上游与孙各庄闸下游河道衔接，绕场址北侧、东侧红线东行，在廊涿高速公路桥上游与现状河道衔接。永兴河改线段与北京大兴国际机场位置关系如图 3-16 所示。

改线后的永兴河对于北京大兴国际机场的影响主要包括五个方面，分别为：

①防洪：改道前北京大兴国际机场主要会受其西北侧天堂河洪涝的影响，改道后的永兴河可挡住北侧的客水，西侧的京九铁路高路基作为天然堤坝可抵御部分客水，虽仍有部分客水可通过铁路桥桥孔向场址漫溢，但总体而言，洪涝影响较小。

②场内地势标高：为达到防洪目的，采用在场址红线外以与道路结合的形式设置堤防，因此永兴河对场内地势标高基本没有影响。

③堤坝的建设规模：北京大兴国际机场建设的约 20km 的堤坝中约有 12km 堤坝与河道或市政道路统筹建设。

④场内排水明渠布置方案：根据天然地势条件，场内排水明渠自西向东、从南北两侧向中间布置，并且依照省市间协议，北京大兴国际机场排水采用单独排水，不与永兴河结合，因此，场内排水明渠布置方案基本不受永兴河改道影响。

⑤排水总出口位置：由于场内东南方向地势相对较低，排水较便捷，且场外有可利用的排水河道，因此排水总出口设在场址东侧。

综上所述，永兴河改线方案基本不受场内排水的影响，同时，也基本不影响场内雨水排放。

（3）防洪系统

由于建设北京大兴国际机场需占压永定河洪泛区一分区，为保证机场顺利建设及运行安全，《北京大兴国际机场洪水影响评价报告》中提出：①按一级堤防设计指标封堵洪泛区一区的口门，以避免洪水隐患；②为暂存特大暴雨期间的雨水及缓解场区的水浸问题，利用廊坊第三大南通道、永定河洪泛区左护路堤和新龙河右堤建设东张务湿地蓄滞洪区，并新建流量 $60m^3/s$ 的分洪闸及退水闸分蓄洪水，其最大蓄洪范围为 633.3 万 ~746.7 万 m^3；③因北京大兴国际机场地势条件特殊，故采用筑堤的方式进行防洪建设。将天堂河改线段右堤、石佛寺至天堂河段北小埝（含封堵寺垡辛庄口门）和天堂河更生闸至北小埝段右堤按 100 年一遇防洪标准进行加固，堤防级别达一级，以达到有效拦截洪水的目的。

在采取上述措施后，永定河对北京大兴国际机场造成的洪水隐患概率较小，防洪标准可达 100 年一遇。改线后永兴河设计流量为 $120m^3/s$，右堤至更生闸按 100 年一遇防洪标准建设，堤防级别为一级，北京大兴国际机场排水口以下按流量 $150m^3/s$ 扩建。北京大兴国际机场防洪规划如图 3-17 所示。

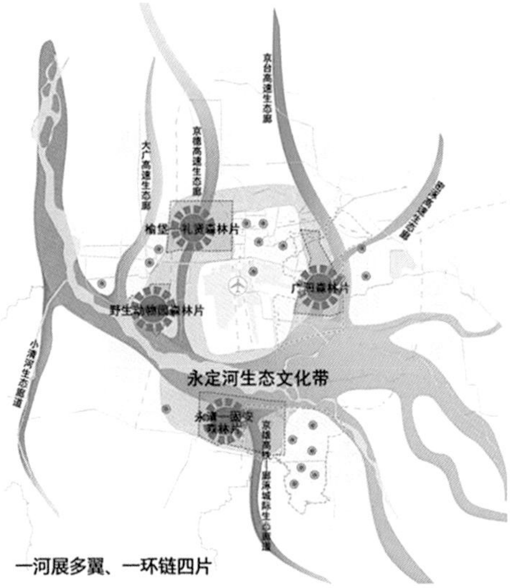

图 3-17 北京大兴国际机场防洪规划图

3.2 水敏感区的纾困策略

3.2.1 北京大兴国际机场的水敏感性

1. 外部洪水分析

由于北京大兴国际机场北临永兴河，南侧紧临永定河，机场的建设将改变永兴河洪水汇入永定河的方式、占压永定河洪泛区新北堤及部分永兴河堤防，永定河洪泛区堤防完整体系遭到破坏，不仅不能保障自身防洪安全，还将加重下游防洪压力，影响永定河防洪格局和防洪调度，因此协调永定河、永兴河与北京大兴国际机场水位地势的关系是北京大兴国际机场安全运营的重要基础。为保护北京大兴国际机场不受外部洪水影响，开展洪泛区北小埝堤防加高加固、东张务湿地分洪闸和退水闸建设及东张务湿地滞洪区周边围埝加高加固三项工程，以保证北京大兴国际机场地势，形成独立的场内排水系统，将外部洪水对场内造成的影响降至最小。

2. 易涝性分析

北京大兴国际机场的跑道、航站楼等地面需要大面积硬化，对路面进行沥青或混凝土铺设，导致全场径流系数大幅提高，进而造成雨水径流总量及峰值径流量增大、峰值来流时间缩短等问题。而永定河及永兴河筑堤后，北京大兴国际机场会形成独立的内部排水系统，无法通过自流排入下游河道，泵站事故、抽升不及时、抽升能力不足等问题都可能导致北京大兴国际机场内部大量滞水，在发生暴雨时极易造成内涝灾害。

3. 径流污染分析

北京大兴国际机场建设前的用地类型主要包括村庄、民房、水渠、道路，无大型工矿企业及高大建筑群落分布，综合径流系数较低，无过多污染源，雨水径流可通过土壤、水渠自然消纳、净化，具备良好的水环境自净能力。而北京大兴国际机场建成后出现的大量建筑群落、道路等非点源污染源会造成一定程度的径流污染。

3.2.2 解决方案的边界限制

1. 外排峰值流量限制要求

根据北京大兴国际机场总体规划，结合省市协议、永兴河机场段的河床和水位标高、天堂河改道方案、北京大兴国际机场洪评报告及场外水系的实际情况，改道后的永兴河可作为北京大兴国际机场的排水出路。根据永定河流域防洪规划，当永兴河和永定河排水流量达到设计标准时，北京大兴国际机场允许外排流量仅为 $30m^3/s$。北京大兴国际机场本期占地面积约 $27.5km^2$，占地面积较大，故暴雨时仅依靠外排流量 $30m^3/s$ 的传统排水方式并不能满足北京大兴国际机场排水防涝要求。

2. 非传统水源利用要求

传统水源一般指地表水如江河和地下水，而非传统水源是指不同于传统地表供水和地下供水的水源，包括再生水、雨水、海水等。北京是严重缺水城市，污水深度处理并作为再生资源是缓解水资源短缺的重要措施，同时也是北京大兴国际机场绿色机场建设的必然要求。为此，要求将北京大兴国际机场建设产生的全部污水及一、二级调蓄设施内存储的部分雨水作为再生水水源进行深度处理，达到再生水水质标准后，用于场区绿地浇洒、车辆冲洗、道路清洁、空调循环冷却水及水景补水等，盈余的再生水排入场内景观河湖。北京大兴国际机场景观河湖补水量依据水系蒸发、渗漏、降雨、水质维护等因素确定。其中，主要因素为水面蒸发量、渗漏损失量、维持水质的换水量或循环水量。北京大兴国际机场本期水系表面积约为 $110hm^2$，全年平均日蒸发量约为 $3000m^3$；夏天温度较高时，若要满足水系水质要求，需10d 换水一次，补水量较大。因此，除再生水外，雨水是北京大兴国际机场水系补水的最主要来源，故雨水收集设施必不可少。

3. 水环境政策要求

针对近年来城镇化加速带来的重大水环境问题，国家及各地方相继发布相关文件、规范、标准，要求区域开发过程中必须严格执行以防水环境遭到破坏。北京大兴国际机场水环境建设应依据《中华人民共和国水污染防治法》(2017 年 6 月 27 日)、《中华人民共和国水土保持法》(2011 年 3 月 1 日)、《中华人民共和国水土保持法实施条例》(国务院令第 120 号，1993 年 8 月 1 日实施，2011 年 1 月 8 日修订)、《中华人民共和国河道管理条例》(国务院 1988 年第 3 号令，2011 年 1 月 8 日第一次修正，2017 年 3 月 1 日第二次修正，2017 年 10 月 7 日第三次修正)、《国务院办公厅关于推进海绵城市建设的指导意见》(国办发〔2015〕75 号)、住房和城乡建设部发布的《海绵城市建设技术指南——低影响开发雨水系统构建(试行)》(以下简称“指南”)、《北京市水污染防治条例》(2011 年 3 月 1 日(2018 年 3 月 30 日修正))、北京市地方标准《雨水控制与利用工程设计规范》DB 11/685—2013 提出的径流控制要求，规划、设计配套雨水基础设施。

3.3 “海绵机场”的华丽现身

北京大兴国际机场水环境系统面临的主要问题是，必须在满足区域防洪要求并避免北京大兴国际机场因内部独立排水不畅造成内涝问题的情况下，实现雨水径流总量的有效控制，维持机场内水环境的良好水质。由于外排流量受限、排水防涝需求，北京大兴国际机场水系补水蓄水量较大，故采用雨水控制与利用设施调节径流峰值、调蓄径流总量等方式。

海绵城市建设的核心是实现控污、防灾、雨水资源化和城市生态修复等综合目标，通过机制建设、规划调控、设计落实、建设运行管理等全过程、多专业协调与管控，保护并利用城市绿地、水系等空间，优先利用绿色基础设施，科学结合灰色雨水基础设施，共同构建弹性的雨水基础设施，实现雨水径流的“渗、滞、蓄、净、用、排”，应对极端暴雨和气候变化，恢复城市良性水文循环，保护或修复城市的生态系统（图 3-18）。北京大兴国际机场现状条件以及面临的复杂水问题与海绵城市建设理念的契合性恰恰决定了建设海绵机场的必要性。

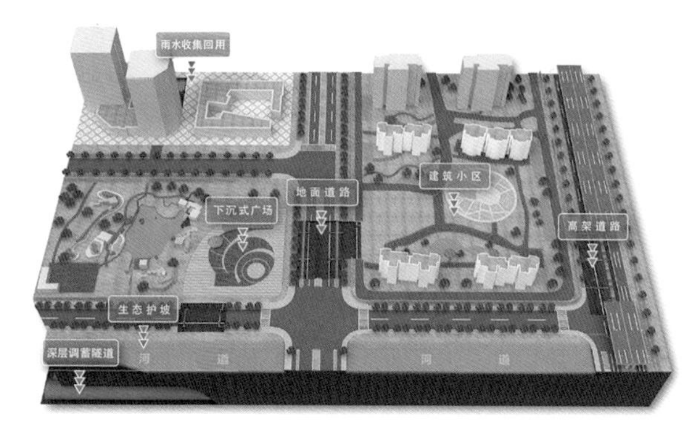

图 3-18 海绵城市主要设施系统示意图

3.3.1 灰绿结合，雨洪安全

自从海绵城市兴起，“绿与灰”被越来越多地提及。灰色基础设施（Grey Infrastructure）也就是传统意义上的市政基础设施，是以单一功能的市政为主导，由道路、桥梁、铁路、管道以及其他确保工业化经济正常运作所必需的公共设施所组成的网络。具体到排水治污方面，其基本功能是实现污染物的排放、转移和治理，但并不能解决污染的根本问题。绿色基础设施（Green Infrastructure）是 20 世纪 90 年代中期提出的一个概念，由河流、林地、绿色通道、公园、保护区、农场、牧场和森林以及维系天然物种、保持自然的生态过程、维护空气和水资源并对人民健康和生活质量有所贡献的荒野及其他开放空间组成的互通网络。具体到排水治污方面，绿色基础设施是通过新的建设模式探索、催生和协调各种自然生态过程，充分发挥自然界对污染物的降解作用，最终为城市提供更好的人居环境（图 3-19、图 3-20）。

北京大兴国际机场海绵机场的建设，改变了以往民用机场单纯使用市政地下排水管道和泵站排水的常规做法，侧重于依靠北京大兴国际机场自然生态系统来吸收、存储、排放雨水，综合利用自然生态调节和人为调节措施来解决北京大兴国际机场内涝问题。利用城市道路红线内的绿化隔离带消纳自身的雨水径流，人行道采用透水铺装；通过弃流阀收集立交桥、高架桥的雨水；飞行区内的雨水经卵石沟渠过滤后溢流至下沉绿地；航站楼内建设雨水调蓄池，雨水有组织地汇流至调蓄池，进行收集利用；机场至永兴河之间的景观湖对中小雨量渗蓄，

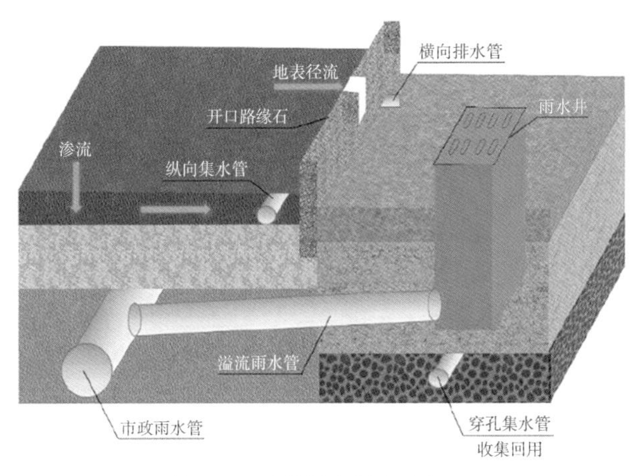

图 3-19 灰绿结合概念图（1）

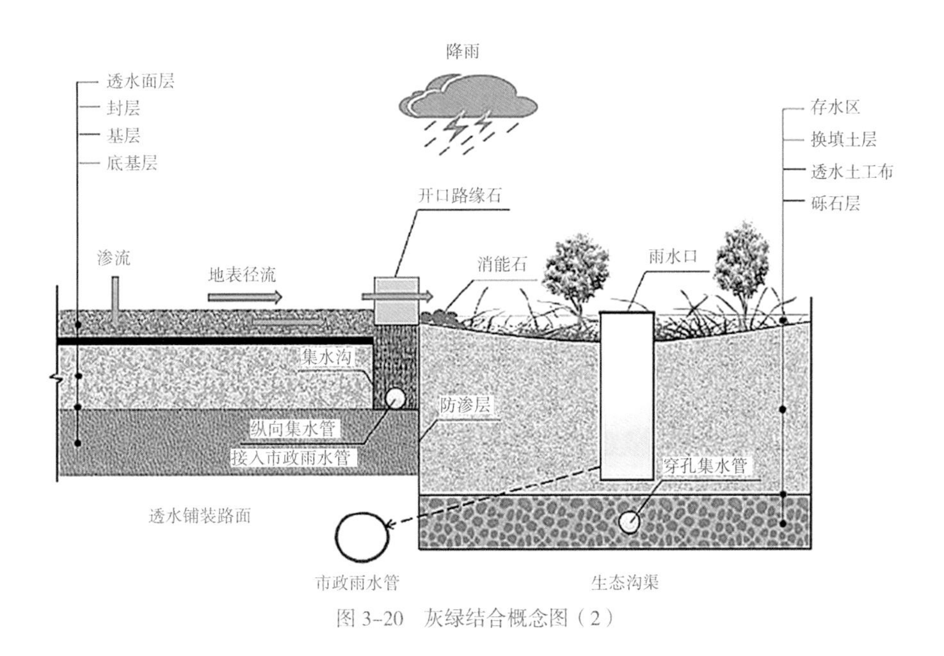

图 3-20 灰绿结合概念图（2）

大雨量调峰；通过协调市政道路和地下排水管之间的关系、增大机场内部的绿色植被覆盖率、完善机场水系统等措施来达到排涝的目的，保障机场安全。

3.3.2 生态净化，污染减排

为了实现环境效益，将“海绵机场”雨水系统开发造成的环境影响控制在最小范围内，构建源头、中途、末端三部分控制系统。源头控制主要指在场内建筑、道路等区域，通过结合硬化地面周边空间建设生物滞留设施、雨水调蓄池等设施，实现径流总量控制，减少排入下游径流量；中途措施主要指通过在小排水系统中配置调节池、植草沟等设施以调节径流峰值流量、净化径流水质；末端措施主要指在结合源头控制及中途控制措施的基础上，通过景观水体、生态堤岸等措施达到径流总量、径流峰值、径流水质综合控制要求。

通过采取“渗、滞、蓄、净、用、排”等综合措施建设海绵机场，最大限度地削减飞行区轮胎磨损、石油燃料等事故造成的雨水径流污染，达到控制面源污染、提升北京大兴国际机场环境承载力的目的（图 3-21）。同时，北京大兴国际机场内滞洪区也能改善局部热岛效应，调节小气候，降低夏季大气温度。

图 3-21 “渗、滞、蓄、净、用、排”

3.3.3 雨水收集，物善其用

水资源匮乏已成为世界性的问题，在传统的水资源开发方式已无法再增加水源的情况下，回收利用雨水成为一种既经济又实用的水资源开发方式。雨水作为非传统资源的利用具有多重功能。有效的雨水资源利用不仅可以进一步缓解城市缺水问题，也可以进一步控制水污染。雨水资源化利用技术与北京大兴国际机场建设的结合将在很大程度上改变北京大兴国际机场的水环境现状。

长期以来，城市建设导致自然植被和土壤等覆盖的自然地表不断遭到破坏，自然地表被建筑、道路、停车场等人工建（构）筑物所替代，使得降落在其表面的雨水通过排水装置迅速排入城市雨水管网。由于天然雨水具有硬度低、污染物少等优点，因此它在减少城市雨洪危害、开拓水源方面成为日益重要的主题。北京大兴国际机场建筑群体、飞行区等屋面及地面雨水，经收集和一定处理后，可作为景观环境、绿化、洗车场、道路冲洗、冷却水补充、冲厕及一些其他非生活用水使用（图 3-22）。

此外，雨水收集利用还对保持水土和改善生态环境发挥着重要的作用，在缓解城市内涝的同时，可补给城市地下水，恢复自然生态的水循环系统。因此，良好的雨水资源利用可以

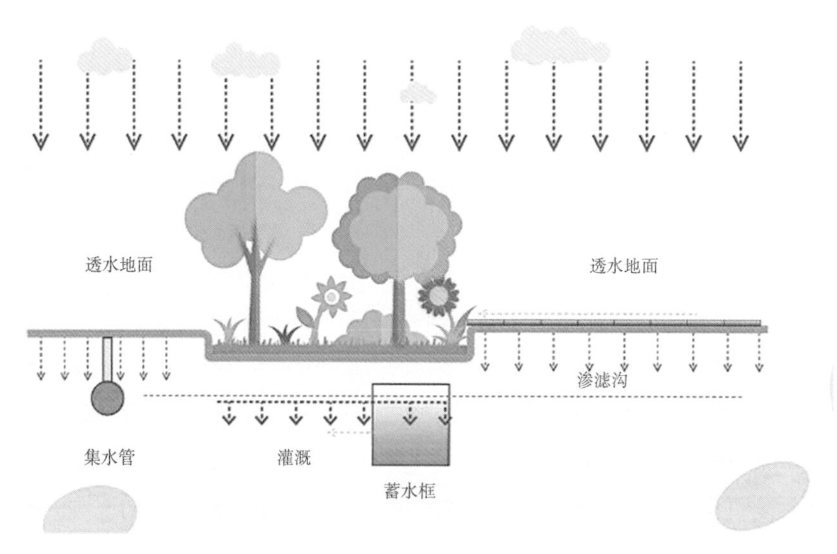

图 3-22 雨水收集示意图

促进“海绵城市”的建设，使“海绵城市”理论在当今现代化城市的建设进程中得到进一步的实践。

3.3.4 海绵试点，示范标杆

北京大兴国际机场作为京津冀协同发展交通先行、民航率先突破的重点项目备受关注。因此，北京大兴国际机场的建设将全面贯彻落实习近平总书记重要指示精神，认真践行“创新、协调、绿色、开放、共享”五大发展理念，以“引领世界机场建设、打造全球空港标杆”为主线，全力把北京大兴国际机场建成精品工程、样板工程、平安工程、廉洁工程，成为展示中华民族伟大复兴的新国门。

北京大兴国际机场作为体现京津冀一体化国家战略的重大基础设施，其建设过程力求契合绿色生态理念。“海绵机场”以保护机场生态环境、解决机场水资源与水环境为出发点，积极打造绿色机场，完美契合了绿色生态理念，将为建设与自然融合的新型绿色机场提供新思路。

中国民用航空局关于《民航节能减排“十三五”规划》中明确，“十三五”时期，民航节能减排重大专项任务之一就是要建设绿色机场标准体系，要求以绿色机场建设为重点，开展绿色机场规划、设计、建造、验收、运行等全链条标准与规范的编写或修订，实现机场标准绿色化。北京大兴国际机场按照节能、环保、高效、人性化、可持续发展和建设与运营一体化的理念，开创了民航绿色“海绵机场”建设的先河。

通过北京大兴国际机场“海绵机场”的构建研究，充分结合北京大兴国际机场用地布局、地势、防洪及排水特点等，建立北京大兴国际机场水敏感区域水环境系统，实现北京大兴国际机场防洪内涝控制、径流总量控制、径流峰值控制、径流污染控制、雨水资源化利用与科学管理等多重目标，构建“海绵机场”低影响开发雨水系统，践行国家“海绵城市”建设理念，为将北京大兴国际机场建设成为“绿色、生态、安全、智慧”的先进国际航空枢纽提供重要保障。

北京大兴国际机场“海绵机场”的构建与实施，必将在民用航空领域产生极大的影响。“海绵机场”建设理念将迅速在民用航空领域延伸，并极大地扩展海绵城市的研究与应用范围，同时，也必将充分发挥绿色生态重大基础设施的先导示范作用，从而引领中国绿色机场建设。

第 4 章

海绵机场建设——营造法式

建设原则与路线

总体控制达标策略

第4章　海绵机场建设——营造法式

4.1　建设原则与路线

4.1.1　建设准则要素

1. 总体要求

海绵机场缘起于海绵城市，海绵机场的建设也根植于海绵城市的基础原则。基于对《国务院关于加强城市基础设施建设的意见》（国发〔2013〕36号）和《国务院办公厅关于做好城市排水防涝设施建设工作的通知》（国办发〔2013〕23号）的落实，住房和城乡建设部组织编制了《海绵城市建设技术指南——低影响开发雨水系统构建（试行）》（以下简称《指南》），用来指导各地建设"自然积存、自然渗透、自然净化"的海绵城市。《指南》中规定："城市总体规划应创新规划理念与方法，将低影响开发雨水系统作为新型城镇化和生态文明建设的重要手段。"

从近年发达国家的应用情况看，低影响开发多指在场地规模上应用的一些源头分散式小型设施，包括生物滞留（雨水花园）、绿色屋顶、透水铺装、植草沟等，用以对中小降雨事件进行径流总量控制和污染物控制，其中，以年径流总量控制率及设计降雨量作为控制目标和设计依据。而针对我国快速城镇化时期项目建设规模较大的特征，低影响开发需要小型设施和大型设施的组合应用，即充分利用雨水塘、湿地、多功能调蓄、洪泛区等各类绿色基础设施的优势互补，满足生态文明的基本理念，形成广义的低影响开发概念和雨水系统。这也是指导海绵机场建设的最重要原则之一。《指南》中同时规定："应开展低影响开发专题研究，结合城市生态保护、土地利用、水系、绿地系统、市政基础设施、环境保护等相关内容，因地制宜地确定城市年径流总量控制率及其对应的设计降雨量目标，制定城市低影响开发雨水系统的实施策略、原则和重点实施区域，并将有关要求和内容纳入城市水系、排水防涝、绿地系统、道路交通等相关专项（专业）规划。"

在遵循《指南》相关规定的基础上，"海绵机场"需要具有吸水、蓄水、净水和释水的功能，主要通过提高机场排水防涝能力、削减机场径流污染负荷、对场地开发影响最小化、提高雨水资源化利用效率等措施实现。同时，应结合北京市地标《雨水控制与利用工程设计规范》DB 11/685—2013及北京大兴国际机场总体规划要求，主要明确了：①每千平方米硬化面积配建不小于 30m^3 雨水调蓄设施；②凡涉及绿地率指标的建设项目，至少应有 50% 的绿地作为滞留雨水的下凹式绿地；③公共停车场、人行道、步行街、自行车道和休闲广场、室外庭院的透水铺装率不小于 70%。

2. 基本原则

根据《指南》的总体要求，海绵机场建设应符合以下原则：

（1）坚持安全为重、因地制宜

根据《北京大兴国际机场内涝防治规划》，北京大兴国际机场按 100 年一遇设计防洪标准设防，而航站楼等重要建筑物防洪标准按 200 年一遇的防洪标准设防。通过统筹发挥自然生态功能和人工干预功能，实施源头减排、过程控制、系统治理，在有组织地进行地表径流排放基础上，将景观与功能结合起来，使得机场雨水通过渗、滞、蓄、净、用、排的措施实现削峰、错峰、延缓，降低径流峰值，从而降低排水强度，减轻机场排水设施的负荷，切实提高机场排水、防涝、防洪和防灾减灾能力。

（2）坚持生态为本、自然循环

北京大兴国际机场建设需要充分发挥机场地块内对降雨的积存作用，充分发挥植被、土壤等自然下垫面对雨水的渗透作用，充分发挥景观湖、明渠等对雨水径流的自然净化作用，从而实现机场水体的自然循环。在机场建设过程中，也需保护河流、坑塘、沟渠等水生态敏感区，并结合这些区域及周边条件（如坡地、洼地、水体、绿地等）进行海绵机场规划设计。

（3）坚持规划引领、统筹推进

海绵机场建设目标和具体指标的确定需要因地制宜，相关规划也需要科学编制并严格实施。作为项目借鉴的依据，海绵城市的相关建设内容也需要纳入机场总体规划、机场绿地系统规划、机场综合防灾规划、道路交通系统规划等相关规划中，各规划中有关海绵城市的建设内容需要相互协调与衔接。

4.1.2 设计实施路线

为落实海绵机场的建设要求，其技术路线应涉及总体规划、控制性详细规划、各专项规划和修建性详细规划三个层次，以解决宏观、中观、微观三方面的问题。北京大兴国际机场类比于“海绵城市”建设规划的技术框架图，如图 4-1 所示。

4.2 总体控制达标策略

4.2.1 构建管控分区

1. 排水分区规划

城市排水分区规划应以城市总体规划为依据，充分结合城市总体规划用地布局及总体规

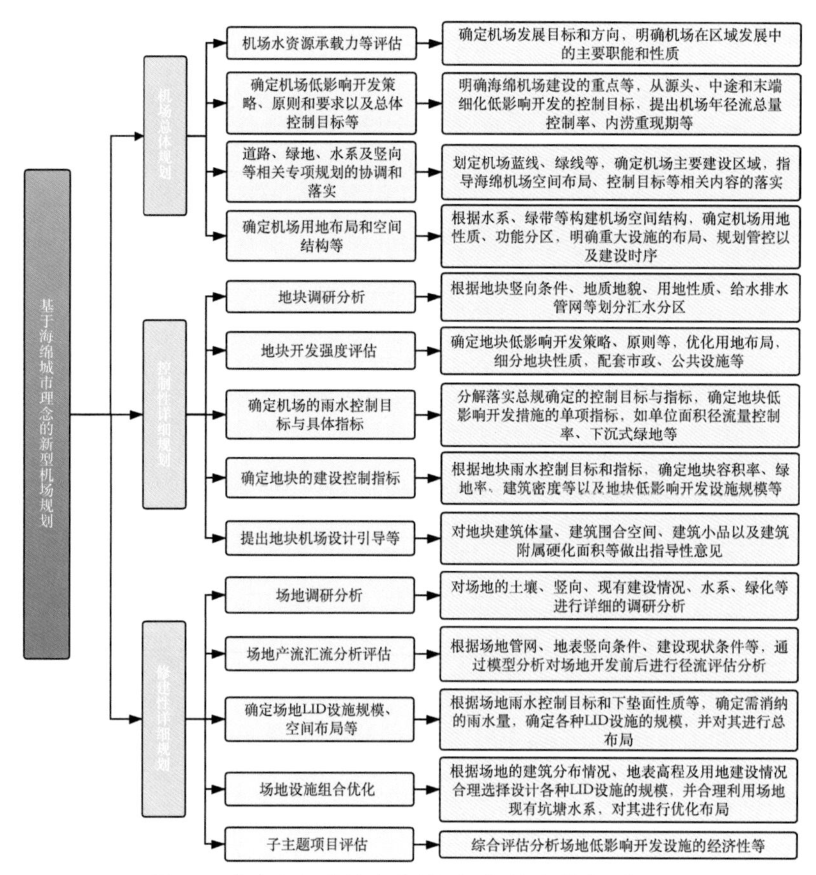

图 4–1　北京大兴国际机场海绵机场建设规划技术框架图

划中城市排水收纳水体位置及要求等。因此，北京大兴国际机场雨水排水分区划分以北京大兴国际机场布局地形为依据，结合道路竖向规划、绿地设置及雨水收纳水体位置，按照就近分散，以重力排放为主、水泵提升为辅的原则，依地势分散出口，确保汛期雨水最大限度地以最合理的管径、最短的距离靠重力流就近快速排出。按照以上原则，将北京大兴国际机场共划分为 N1 ~ N6、S1 共计 7 个管控分区（图 4–2）。海绵机场的径流总量控制是由源头、中途、末端控制系统共同实现的。各排水系统下游设置大型雨水调蓄设施调蓄雨水径流。因此，海绵机场指标分解按照七个分区的径流总量控制率计算后，经加权平均得出北京大兴国际机场全场径流总量控制率。

2. 管控分区控制目标

传统的排水系统控制目标主要是对机场产生的峰值流量进行控制，即直接排放一定重现期下的暴雨径流。而海绵机场的建设目标则需要兼顾考虑雨水径流总量和污染物控制、雨水资源利用、峰值流量控制、排水防涝等多个分目标（图 4–3）。因此，在统筹北京大兴国际机场建设条件的基础上，需要综合考虑北京大兴国际机场水敏感问题、相关限制因素、排水防涝和海绵机场建设目标等多方需求，最终确定径流总量控制、径流污染控制、排水防涝控制、雨水资源化管理和水环境保护为主要综合控制目标（图 4–4）。下面对各个综合控制目标进行详细介绍。

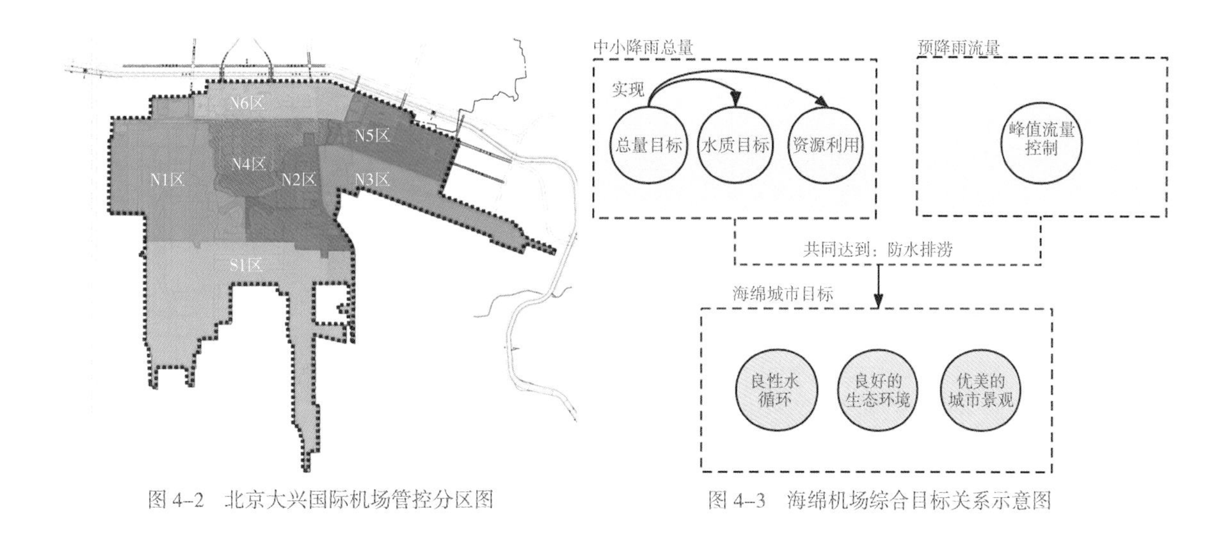

图 4–2 北京大兴国际机场管控分区图

图 4–3 海绵机场综合目标关系示意图

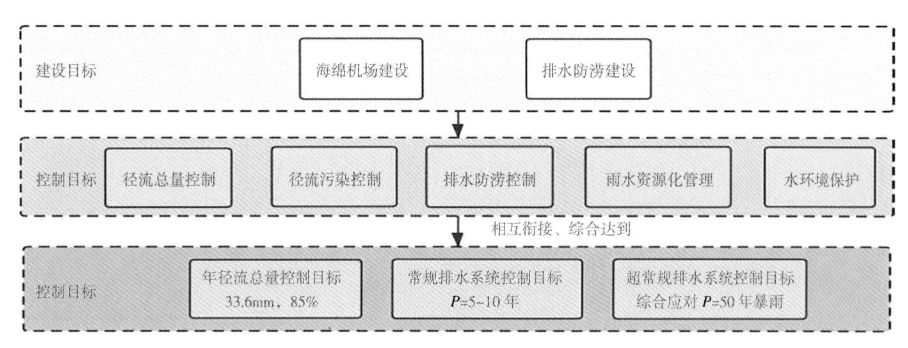

图 4–4 海绵机场控制目标

3. 年径流总量控制率

（1）目标确定方法

低影响开发雨水系统的径流总量控制一般采用年径流总量控制率作为控制目标。根据统计学研究，年径流总量控制率（图 4–5）与设计降雨量为一一对应关系。根据中国气象科学数据共享服务网中国地面国际交换站气候资料数据，采用《海绵城市建设技术指南——低影响开发雨水系统构建（试行）》的指导方法，选取至少近 30 年（反映长期的降雨规律和近年气候的变化）日降雨（不包括降雪）资料，扣除不大于 2mm 的降雨量，将降雨量日值按雨量由小到大进行排序，统计小于某一降雨量的降雨总量（小于该降雨量的按真实雨量计算出降雨总量；大于该降雨量的按该降雨量计算出降雨总量，两者累计总和）在总降雨量中的比率，此比率（即年径流总量控制率）对应的降雨量（日值）即为设计降雨量。理想状态下，径流总量控制目标应以开发建设后径流排放量接近开发建设前自然地貌时的径流排放量为标准。自然地貌往往按照绿地考虑，绿地的年径流总量外排率一般为 15%~20%。因此，借鉴发达国家实践经验，年径流总量控制率在 80%~85% 为最佳目标，而这一目标主要通过控制频率较高的中、小降雨事件来实现。就北京市而言，当年径流总量控制率为 80% 和 85% 时，对应的设计降雨量为 27.3mm 和 33.6mm。

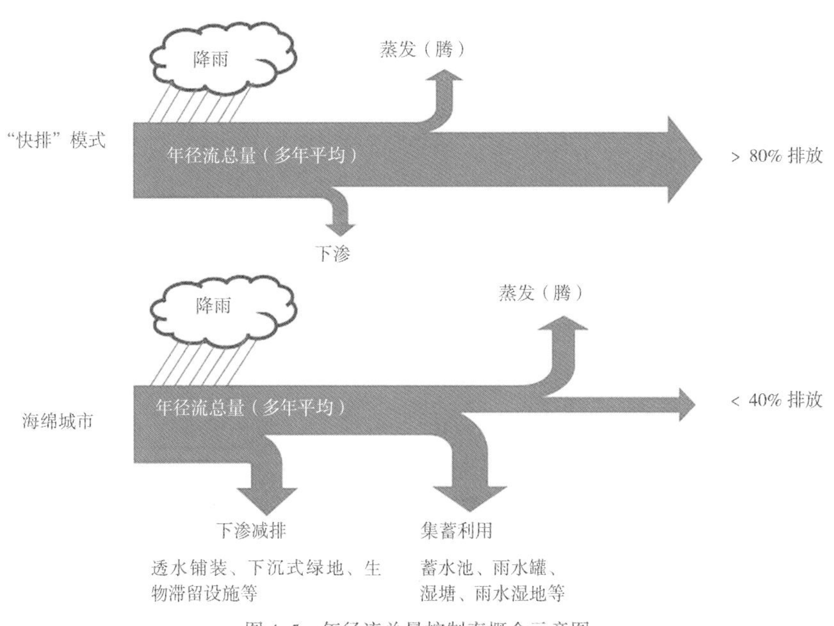

图 4-5 年径流总量控制率概念示意图

实践中，各地在确定年径流总量控制率时，需要综合考虑多方面因素。一方面，开发建设前的径流排放量与地表类型、土壤性质、地形地貌、植被覆盖率等因素有关，应通过分析综合确定开发前的径流排放量，并据此确定适宜的年径流总量控制率。另一方面，要考虑当地水资源禀赋情况、降雨规律、开发强度、低影响开发设施的利用效率以及经济发展水平等因素。需要具体到某个地块或建设项目的开发，并结合本区域建筑密度、绿地率及土地利用布局等因素共同确定。

因此，在综合考虑以上因素的基础上，当不具备径流控制的空间条件或者经济成本过高时,可选择较低的年径流总量控制目标。而从维持区域水环境良性循环及经济合理性角度出发，径流总量控制目标也并非越高越佳，雨水的过量收集、减排会导致原有水体的萎缩或影响水系统的良性循环。就经济性而言，当年径流总量控制率超过一定值时，投资效益会急剧下降，造成设施规模过大、投资浪费的问题。

（2）年径流总量控制率分区

我国地域辽阔，气候特征、土壤地质等天然条件和经济条件差异较大，径流总量控制目标也不同。在雨水资源化利用需求较大的西部干旱、半干旱地区，以及有特殊排水防涝要求的地区，可根据经济发展条件适当提高径流总量控制目标。而对于广西、广东及海南等部分沿海地区，由于极端暴雨较多导致设计降雨量统计值偏差较大，造成投资效益及低影响开发设施利用效率不高，可适当降低径流总量控制目标。

目前，国家尚未对年径流总量控制率提出统一的要求。对我国近 200 个城市 1983~2012 年日降雨量统计分析，可以得到各城市年径流总量控制率及其对应的设计降雨量之间的关系。基于上述数据分析，我国大陆可大致分为五个区，各区年径流总量控制率 α 的最低和最高限值与分区关系为：Ⅰ区（$85\% \leqslant \alpha \leqslant 90\%$）、Ⅱ区（$80\% \leqslant \alpha \leqslant 85\%$）、Ⅲ区（$75\% \leqslant \alpha$

≤ 85%)、Ⅳ区(70% ≤ α ≤ 85%)、Ⅴ区(60% ≤ α ≤ 85%)。这为各地因地制宜确定本区径流总量控制目标提供了参照限值。

根据我国大陆年径流总量控制率分区图，北京大兴国际机场位于第Ⅲ分区，年径流总量控制率为 75%~85%。但年径流总量控制率的确定还需要考虑到北京水资源短缺、雨水资源化利用需求高、径流污染占比较小、经济发展水平相对较好等实际情况。在年径流总量控制率确定后，需要满足区域水环境良性循环的要求，在经济上具备合理性，也要兼顾机场航空安全排水防涝的特殊要求。根据北京已有的设计经验，北京城市副中心通州的海绵城市建设将年径流总量控制率设定为 84.4%，对应的设计降雨量为 33.3mm。综合考虑以上因素后，以年径流总量控制率不低于 85% 作为北京大兴国际机场控制目标。

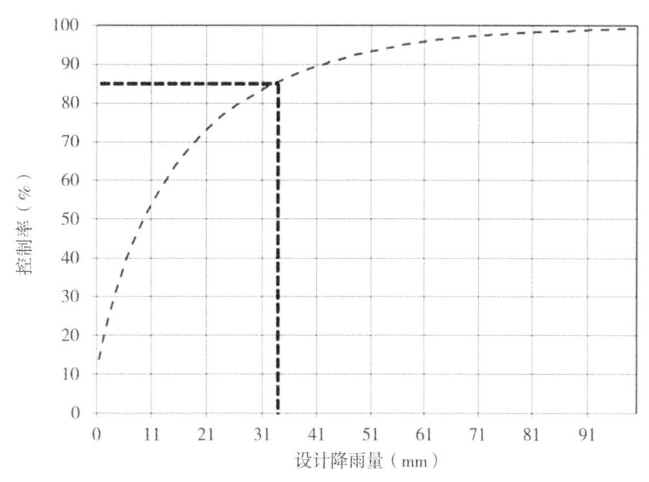

图 4-6 北京市年径流总量控制率与设计降雨量之间的关系

通过对北京市气象站提供的近 30 年逐日降水量资料(不包括降雪)的统计分析，得出北京市年径流总量控制率与设计降雨量之间的关系，如图 4-6 所示；同时，可分别计算出北京市不同设计降雨量对应的年径流总量控制率，结果见表 4-1。综合考虑两者的统计分析结果，最终将北京大兴国际机场年径流总量控制率不低于 85%、对应的设计降雨量不小于 33.6mm 作为低影响开发设施的控制目标。

北京市不同年径流总量控制率对应的设计降雨量 表 4-1

年径流总量控制率(%)	60	70	75	80	85
设计降雨量(mm)	14.0	19.4	22.8	27.3	33.6

4. 排水防涝目标

径流峰值流量控制是海绵城市建设的控制目标之一。低影响开发设施受降雨频率与雨型、低影响开发设施建设与维护管理条件等因素的影响，一般对中、小降雨事件的峰值削减效果较好，对特大暴雨事件，虽仍可起到一定的错峰、延峰作用，但其峰值削减幅度往往较低。因此，为保障城市安全，在低影响开发设施的建设区域，城市雨水管渠和泵站的设计重现期、径流系数等设计参数应当按照《室外排水设计规范》GB 50014—2006 中的相关标准执行，根据城镇总体规划和建设情况统一布置，分期建设。

同时，作为城市内涝防治系统的重要组成，低影响开发雨水系统应与城市雨水管渠系统及超标雨水径流排放系统相衔接，建立从源头到末端的全过程雨水控制与管理体系，共同达到内涝防治要求。城市内涝防治设计重现期应按《室外排水设计规范》GB 50014—2006 中内涝防治设计重现期的标准执行。LID设施对径流的管理和控制一般遵循的流程机制主要包括：先通过部分设施捕获雨水，然后通过设施本身的构造机制来实现雨水量的入渗、临时储存及转化输运，从而达到对水量的管控，最终排放到下游系统中。

《北京大兴国际机场内涝防治规划》中规定，北京大兴国际机场防洪标准为100年一遇，航站楼等重要建筑物防洪标准按200年一遇洪水设防。在50年重现期降雨条件下，北京大兴国际机场及主要对外联络通道地面积水深度大于0.15m的积水时间小于30min时，可认为不发生洪灾。此外，机场跑道要求50年重现期降雨条件下不发生积水。同时，要确保50年重现期降雨条件下积水最严重时项目区内建筑物不进水。

5. 雨水资源化目标

保护机场水资源利用是北京大兴国际机场海绵机场建设的要求，应结合北京大兴国际机场地下水位稳定程度、雨水收集、雨污水再利用、中水处理等要素，综合确定水源涵养目标，增加地下水下渗和雨水回用量，以达到缓解水资源短缺的目的。

4.2.2 设计分层指标体系

1. 指标分解原则及方法

（1）分解原则

为了保障海绵城市模式在机场规划建设中得到有效落实，将海绵城市低影响开发控制指标和要求纳入到现有法定规划体系中，建立一套面向机场规划管控的海绵城市低影响开发控制指标体系。考虑北京大兴国际机场27.5km^{2}的建设用地、管控分区用地和单独功能地块均有不同的海绵功能需求，设计尺度跨度较大，而不同层次管控的目标和重点也不一致，故建立分层的控制指标体系，逐级进行指标分解（图4–7）。

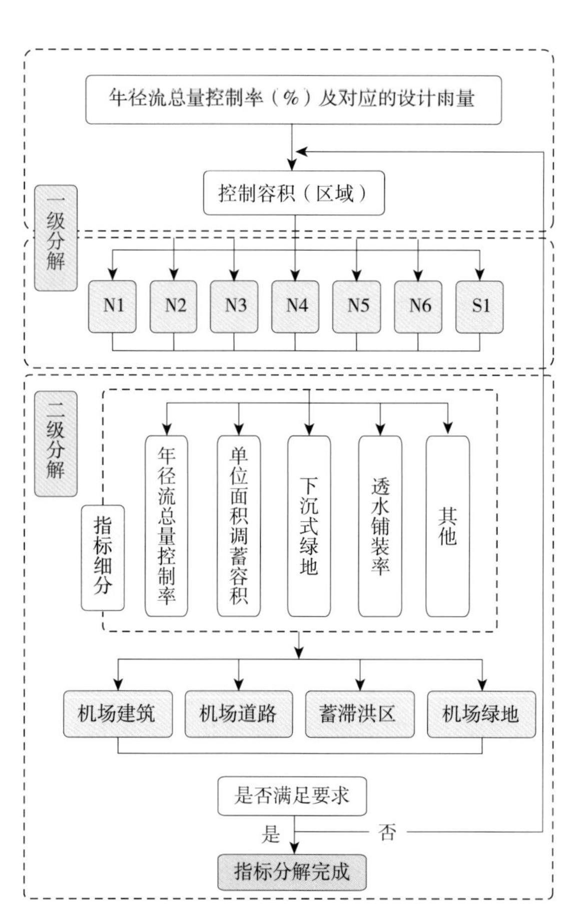

图4–7 控制指标体系目标分解框图

在针对北京大兴国际机场的规划管理中，海绵城市模式主要通过“2（建筑密度、绿地率）+1（年径流总量控制率）+3（透水铺装率、下沉式绿地率、调蓄容积）”的指标依据进行设计（表4–2）。其中，建筑密度、绿地率为控制规划既有控制性指标，年径流总量控制率为新增的海绵城市控制性指标，透水铺装率、下沉式绿地率、调蓄容积为引导性

各建设地块海绵城市建设指标计算依据一览表　　表 4–2

指标	内容	单位
海绵城市引导性指标（单项指标）	单位面积调蓄容积	m^3
	下沉式绿地率	%
	透水铺装率	%
海绵城市控制性指标（综合指标）	年径流总量控制率	%
控规既有指标	绿地率	%
	建筑密度	%
其他	地块面积	m^2
	用地类型	—
	地块编码	—

注：1. 透水铺装率 = 透水铺装面积 / 硬化地面总面积；
2. 下沉式绿地率 = 广义的下沉式绿地面积 / 绿地总面积，广义的下沉式绿地泛指具有一定调蓄容积的可用于调蓄径流雨水的绿地，包括生物滞留设施、渗透塘、湿塘、雨水湿地等；
3. 调蓄容积包括雨水罐、蓄水池、湿塘、雨水湿地、渗透塘等设施的调蓄容积。其中，下沉深度超过 100mm 的下沉式绿地的调蓄空间也算调蓄容积。

指标。而透水铺装率、下沉式绿地率、调蓄容积 3 个引导性指标实际为一组推荐方案，同建筑密度、绿地率的控制指标一起，辅助满足年径流总量控制率的控制要求。实践中可以直接落实，也可以根据项目具体情况进行优化，但必须满足年径流总量控制率的约束性要求，通过海绵城市计算方法进行论证。相关的简单估算可采用容积法，信息条件充分时也可采用模型校核。另外，为了方便施工和设计单位理解设计标准，也可增加与年径流总量控制率相对应的设计降雨（mm）或者单位面积控制容积（m^3/m^2）。

（2）指标分解方法

分解方法根据精确化管理原则，实现对各项指标的准确化管理。根据海绵城市低影响开发指标体系，指标分解分为两个层次。一级分解是将北京大兴国际机场总区域分解到七个管控分区中，二级分解则是进一步将管控单元指标分解到几百个功能地块中。结合建设情况、汇水面种类及构成情况等条件，采用加权平均的方法试算对指标进行定量化分解。

控制目标分解方法的主要流程为：①确定北京大兴国际机场年径流总量控制率目标；②根据管控分区建设情况、绿地率、水面率等信息将年径流总量控制率目标分解到各个管控单元，通过试算获得各管控单元的年径流总量控制率具体数值，最后经面积加权平均获得机场年径流总量控制率；③根据地块的建设情况和控制性详细规划提出的绿地率、建筑密度等规划控制指标，初步提出各地块的海绵城市低影响开发指标，包括年径流总量控制率、透水铺装率、下沉式绿地率等，再试算各地块的年径流总量控制率，最后经面积加权平均获得各个管控单元年径流总量控制率；④对照统计分析法计算出的年径流总量控制率与设计降雨量的关系，确定各地块年径流总量控制率所对应的设计降雨量；⑤根据各地块绿地率、建筑密度、透水铺装率等信息，针对不同汇水面选取不同的径流系数，通过加权平均计算得到各地块的综合雨量径流系数；⑥各地块面积乘以④中确定的设计降雨量和⑤中确定的综合径流系数，获得地块径流量，亦即地块所需总调蓄容积；⑦对于径流总量大、红线内绿地及其他调蓄空间不足的用地，通过统筹周边用地内的调蓄空间，共同承担其径流总量控制目标（如机场绿地用于消纳周边道路和地块内径流雨水），并将相关用地作为一个整体，参照以上方法流程计算相关用地整体的年径流总量控制率后，参与后续计算。北京大兴国际机场建设设计中计算所得的径流系数值见表 4-3。

径流系数 表 4-3

汇水面种类	径流系数	汇水面种类	径流系数
绿色屋顶	0.30 ~ 0.40	非铺砌的土路面	0.30
硬屋面、未铺石子的平屋面、沥青屋面	0.80 ~ 0.90	绿地	0.15
铺石子的平屋面	0.60 ~ 0.70	下沉式绿地	0
混凝土或沥青路面及广场	0.80 ~ 0.90	地下建筑覆土绿地（覆土厚度≥ 500mm）	0.15
大石块等铺砌路面及广场	0.50 ~ 0.60	地下建筑覆土绿地（覆土厚度＜ 500mm）	0.30~0.40
沥青表面处理的碎石路面及广场	0.45 ~ 0.55	透水铺装地面	0.08~0.45
级配碎石路面及广场	0.40	水面	1
干砌砖石或碎石路面及广场	0.40		

注：以上数据参照《室外排水设计规范》GB 50014—2006 和《雨水控制与利用工程设计规范》DB 11/685—2013。

2. 一级分解

年径流总量控制率总目标一级分解是针对七个管控分区的分解，具体说明如下：

（1）根据场地竖向和规划用地类型

参考项目的具体设计内容，结合自然地形特点，因地制宜地排布划分功能区域，并根据平面布局的特点，采取经济且切实可行的施工技术方案，整饬现有场地，在满足项目建设要求的前提下，以减少土方工程及稳定场地工程造价投资为原则，确定场地的初步控制标高。需要考虑的因素包括以下几点。

1）下垫面条件

通过规划用地分析，识别不同管控分区中建筑、绿地、道路、水域的用地占比，重点关注绿地与水面的占比，对有利于海绵城市模式建设的绿地率和水面率高的管控分区，适当提高年径流总量控制率目标。

2）规划情况

主要判断海绵机场建设适宜性的问题，考虑规划定位和建设强度，针对低密度的机场宿舍区或者滞洪区，其海绵建设适宜性高，年径流总量控制率目标可以适当提高；针对硬化面积较大的飞行区和货运区等，其海绵建设适宜性稍差，年径流总量控制率目标可以适当降低；而航站楼和维修厂房海绵建设适宜性一般，年径流总量控制率目标适中。

（2）根据各管控分区的下垫面条件及规划情况

将年径流总量控制率目标分解到七个管控分区中，然后将各管控分区中的年径流总量控制率经面积加权平均进行试算，最终得出总体的年径流总量控制率。试算过程需要考虑的原则包括：①北京大兴国际机场总体年径流总量控制率不低于 85%；②在货运区及飞行区等硬化下垫面较大的区域，年径流总量控制率可适当降低，但改造后场地综合径流系数不应大于改造前；③在绿地率较高的生活服务区，必须达到年径流总量控制率的要求，也可适当提高标准；④绿地率较高且场地条件优越的区域，可选择较高的控制率。北京大兴国际机场管控分区下垫面一览表及各分区的指标分解结果见表 4–4 和表 4–5。试算结果表明，北京大兴国际机场整体年径流总量控制率不低于 85%，结果满足设计要求。

北京大兴国际机场管控分区下垫面一览表 表 4–4

管控分区	总面积（m^2）	建筑密度（%）	绿地率（%）	场道面积比例（%）	水域比例（%）	备注
N1 区	1223815	60.9	10.5	25.1	3.5	工作区及机务维修区
	4374902	0.0	39.1	60.9	0.0	飞行区
	5598717	13.3	32.8	53.1	0.8	—
N2 区	2694975	5.1	16.3	76.6	2.0	飞行区
N3 区	2996701	0.6	18.1	81.3	0.0	飞行区
N4 区	2281175	27.0	29.0	40.0	4.0	航站区及工作区
N5 区	2527750	36.4	9.6	50.0	4.0	货运区
N6 区	2146901	20.3	33.4	42.7	3.6	工作区
S1 区	8730202	0.6	18.5	79.9	1.0	飞行区

北京大兴国际机场各分区年径流总量控制率一览表 表 4–5

管控分区	年径流总量控制率（%）	备注
N1 区	90	工作区及机务维修区
N2 区	80	飞行区
N3 区	85	飞行区
N4 区	85	航站区及工作区
N5 区	77	货运区
N6 区	86	工作区
S1 区	85	飞行区

3. 二级分解

二级指标分解是将各管控分区的年径流总量控制目标分解到功能性控制规划地块中，并结合控制规划的建筑密度和绿地率，确定各地块的海绵城市建设标准，包括下沉式绿地率、透水铺装率和调蓄容积。下面对相关流程进行介绍。

（1）地块指标的分解步骤

1）根据用地类型和地块情况，确定地块的年径流总量控制率，再试算到各地块的年径流总量控制率经面积加权平均计算，最终得出各管控分区的年径流总量控制率。

2）确定地块年径流总量控制率所对应的设计降雨。

3）确定地块的绿地率、建筑密度、透水铺装率和下沉式绿地率，其中，绿地率和建筑密度由控制规划确定，透水铺装率、下沉式绿地率则根据后一部分描述的相关指标方法进行确定。

4）根据不同汇水面，选取不同的径流系数，通过加权计算，获得各地块的综合雨量径流系数。

5）将地块面积乘以设计降雨、综合径流系数，获得对应功能性地块径流量，也即地块所需总调蓄容积。其中，调蓄容积包括雨水罐、蓄水池、湿塘、雨水湿地、渗透塘等设施的调蓄容积，下沉深度（下沉深度指下沉式绿地低于周边铺砌地面或道路的平均深度，对于湿塘、雨水湿地等水面设施系指调蓄深度）超过100mm的下沉式绿地所需要的调蓄空间也算调蓄容积。

（2）引导性指标

根据《海绵城市建设技术指南——低影响开发雨水系统构建（试行）》，各类建设项目可以因地制宜地采用下沉式绿地、透水铺装、绿色屋顶等低影响开发措施及其组合，以达到年径流总量控制率、年径流污染负荷削减的目标要求。根据相关规范和其他地区的经验，更合理地确定北京大兴国际机场不同用地类型的绿色屋顶率、下沉式绿地率和透水铺装率三个引导性指标。

1）北京地方标准《雨水控制与利用工程设计规范》DB 11/685—2013（2013年7月发布，2014年2月1日起实施）

建筑与小区项目，涉及绿地率指标要求的建设工程，50%的绿地为用于滞留雨水的下沉式绿地。建造低于周围地面的绿地，其利用开放空间承接和贮存雨水，达到减少径流外排的作用，内部植物多以本土草本植物为主。城市道路、郊区公路、城市广场、公园绿地和市政场站等市政工程项目中，绿地内下沉式绿地率不宜低于50%。公共停车场、人行道、步行道、自行车道和休闲广场、室外庭院的透水铺装率不小于70%。人行步道、城市广场、步行街、自行车道、停车场处应采用透水铺装路面，且透水铺装率不应小于70%。建筑与小区内，屋面应采用对雨水径流无污染或污染较小的材料，不得采用沥青或沥青油毡。有条件时宜采用绿化屋面，即在屋顶上进行造园，种植树木花卉。

2）《武汉市海绵城市规划设计研究报告（试行）》（公示稿，2015年发布）

绿化用地中应保证不低于25%的下沉式绿地，并宜结合下沉式绿地布局不低于总用地面积3%的水面。建筑与小区内无大容量汽车通过的路面、停车场、步行及自行车道、休闲广场、室外庭院应采用渗透铺装，采用大空隙结构层或排水渗透设施，方便雨水透过铺装结构就地下渗，消除地表径流，使雨水还原地下。新建区透水铺装率不小于50%，改建区透水铺装率不小于35%。城市道路新建项目的人行铺装应规划为可渗透铺装，改、扩建项目的人行铺装其可渗透铺装率不宜低于70%。新建公园透水铺装率应不低于55%，改建公园不低于45%；新建防护绿地透水铺装率应不低于60%，改建防护绿地不低于50%；新建城市广场透水铺装率应不低于50%，改建城市广场不低于40%。新建建筑与小区中高度不超过50m的平屋顶宜采用屋顶绿化，屋顶绿化面积宜占建筑屋顶面积的30%～85%。改造建筑与小区可根据建筑条件考虑采用屋顶绿化。

3）《南宁市海绵城市规划设计研究报告》（2015 年发布）

既有居住区改造中，下沉式绿地率不宜低于 30%；新建居住区内，下沉式绿地率不宜低于 50%。既有居住区改造，除机动车道以外的硬化地面，透水铺装率不宜低于 30%；新建居住区，除机动车道以外的硬化地面，透水铺装率不宜低于 75%。改建道路人行道透水铺装率不宜低于 40%；新建道路人行道透水铺装率不宜低于 60%。新建城市广场透水铺装率不宜低于 60%。新建区建筑绿色屋顶绿地率不宜低于 20%。

4）《深圳市光明新区建设项目低冲击开发雨水综合利用规划设计研究报告（试行）》（2014 年发布）

建筑与小区项目中，居住用地（R 类）的下沉式绿地率不宜低于 50%，商业服务业用地（B 类）、公共管理与服务设施用地（A 类）的下沉式绿地率不宜低于 60%。工业用地（M 类）、物流仓储用地（W 类）中，下沉式绿地率不宜低于 60%。市政道路（S1、S2 类）的下沉式绿地率不宜低于 60%。广场、停车场（G4、S3、S4 类）处不宜低于 80%。公园绿地（G1 类）内下沉式绿地率不应低于 20%。建筑与小区项目（R 类、A 类、B 类用地）中，人行道、停车场、广场的透水铺装比例不宜低于 70%。工业用地（M 类）、物流仓储用地（W 类）中，透水铺装比例不宜低于 30%。市政道路（S1、S2 类）中，人行道和自行车道的透水铺装比例不宜低于 20%。广场、停车场（G4、S3、S4 类）和公园绿地（G1 类）内透水铺装率不宜低于 80%。绿色屋顶指标方面，对居住用地不作要求；商业服务业用地（B 类）、公共管理与服务设施用地（A 类）和工业用地（M 类）、物流仓储用地（W 类）内项目，绿色屋顶率不宜低于 50%。

5）其他相关文件和规范

《国务院办公厅关于做好城市排水防涝设施建设工作的通知》（国办发〔2013〕23 号）要求新建城区硬化地面中，可渗透地面面积比例不宜低于 40%，有条件的地区应对现有硬化路面进行透水性改造，提高对雨水的吸纳能力和蓄滞能力；住房和城乡建设部发布《绿色建筑评价标准》GB/T 50378—2014 要求优选项中包括室外透水地面面积比例不小于 40% 的项目；建设部颁布并实施《建筑与小区雨水控制及利用工程技术规范》GB 50400—2016，要求非重型车道硬质地面应采用透水地面，屋面雨水入渗方式应根据现场条件，经技术、经济和环境效益比较确定；建设部发布《国家生态园林城市标准》（2004 年暂行），要求城市建成区内道路广场用地的透水面积比例不应低于 50%；国家住宅与居住环境工程中心编写《健康住宅建设技术要点》（2004 年），指出要尽可能采用渗透措施和地面构造层的办法来处理不便于收集的雨水，硬质铺装路面及居住区次干道应采用可渗透的或具有一定渗透性能的地面铺装，以保留雨水；建设部科技发展促进中心、中华全国工商业联合会住宅产业商会编写《中国生态住宅技术评估手册》（2003 年），规定住宅小区道路及停车位应采用透水铺装。

根据以上规范文件的整理，最终确定北京大兴国际机场地块拟采用的控制指标为：透水铺装率不低于 70%（仅限工作区内地块），下沉式绿地率不低于 50%，绿色屋顶不作强制性要求。

（3）控制规划层面指标分解结果

根据上述原则和规范要求制定的控制规划层面指标分解结果，见附录 1。

第 5 章

机场水管理体系——量质协管

水安全保障体系

水环境保护体系

水资源利用设计方案

水生态修复体系

第 5 章　机场水管理体系——量质协管

5.1　水安全保障体系

近些年，极端暴雨天气事件频发，机场传统以“快排为主”的雨水处理方式不仅加大了场区市政雨水管渠系统负担，增加了机场内涝灾害发生概率，同时也带来了雨水径流污染、雨水资源浪费、水生态系统恶化等一系列问题，严重影响了机场的运行安全和飞行安全。在我国大力推进以低影响开发为核心理念的“海绵城市”建设背景下，将新型可持续雨水管理理念融入到机场排水及景观设计中，建设水安全型“海绵机场”，是缓解机场内涝灾害等突出问题的有效方法。

5.1.1　构建二级蓄排系统

1. 海绵城市蓄排模式特点

城市区域的水安全保障通过排水（雨水）防涝体系对暴雨进行全过程控制的雨洪管理系统来实现，一般可分为源头径流控制系统、雨水管渠系统和内涝防治系统三大部分。而海绵机场的设计主要针对雨水管渠系统和内涝防治系统进行优化与管理的。其中的内涝防治系统主要功能是抵御高于排水管网标准的大暴雨对城市造成的侵害。该系统主要针对城市超常雨情，其设计标准根据不同的城市规模和等级确定，一般为 30~100 年一遇暴雨重现期。

常规的内涝防治系统除了管渠设施外，还包括超标雨水行泄通道、雨水调蓄空间和设施。其中，超标雨水行泄通道不仅包括天然的城市地表漫流通道、小河、溪流、内河水系及开敞空间，还包括承担地表排水功能的道路和人工的地下隧道等。雨水调蓄空间和设施包括湖泊、水塘、公园绿地、人工调蓄池等自然的和人工的、地表的和地下的具有调蓄功能的空间和设施。一般情况下将管渠及泵站系统、调蓄空间、绿地系统和开敞空间利用、城市竖向控制、超标雨水径流行泄通道等排蓄设施的布置和规模计算纳入考虑范围。此外，超标雨水径流行泄通道规划还包括沟渠、道路、地下隧道等雨水转输系统的规划。

海绵系统设计中对内涝防治系统的保障主要通过调控雨水蓄排的相互关系来实现，主要

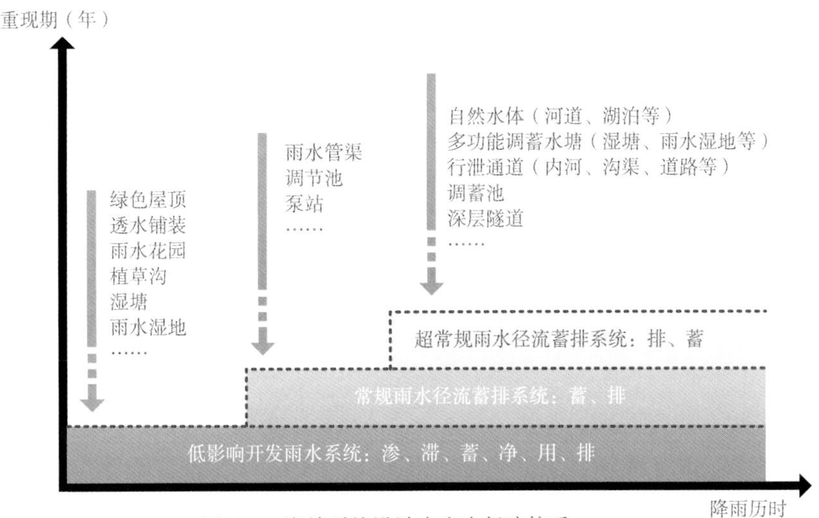

图 5–1 海绵系统设计水安全保障体系

包括低影响开发雨水系统、常规雨水径流蓄排系统、超常规雨水径流蓄排系统等，如图 5–1 所示。低影响开发雨水系统由低势绿地、透水铺装、屋顶花园、蓄渗塘（池）、渗井等 22 种低影响开发设施构成，充分利用“渗、滞、蓄、净、用、排”等技术，有效控制径流总量、径流峰值和径流污染。常规雨水径流蓄排系统由雨水口、雨水管渠、出水口、地下调蓄设施构成，与低影响开发雨水系统相衔接，主要发挥“蓄”和“排”的功能，应对超出源头控制量的径流。超常规雨水径流蓄排系统由沟渠、河道、库塘等构成，与雨水管渠系统相协调，通过“排、蓄”结合，应对超出雨水管渠排水能力的径流。城市降雨形成地表径流后先进入到低影响开发雨水设施中，超出部分进入常规雨水径流蓄排设施后排出，再超出部分则由地表汇入超常规雨水径流蓄排设施。三者相互协调、共同发挥作用，帮助城市防洪减灾，保障城市安全。

与传统雨水管理相比，海绵系统设计存在诸多不同之处：传统雨水管理只是利用雨水口、雨水管和管渠等设施对雨水进行收集和快速排出，而海绵系统设计重点强调“蓄”的概念；传统雨水管理重点为土地利用，人为改变原有生态环境，而海绵系统设计强调人与自然的和谐，顺应自然而保持原有生态环境；传统雨水管理对土地盲目开发，粗放发展，而海绵系统设计注重低影响开发。

2. 机场二级蓄排模式

北京大兴国际机场的水安全保障体系参考基本的海绵系统设计思路，依据外围水系情况、总体规划布局及近远期建设规模，以满足机场雨水排水要求、保证机场汛期安全、提高机场水环境质量、创建机场水景与绿化景观为原则，遵循循环水务、绿色机场、生态治河、充分利用雨水资源的理念，全面规划，合理布局，通过建设安全、环保的雨水排水系统来实现。

根据机场总平面规划方案和地势方案以及建设海绵机场的目标，北京大兴国际机场排水规划方案的宗旨主要包括：①确保机场防洪排涝安全；②建立场内水系以改善内部水环境；

③为节能减排创造条件。雨水排水系统以北京市规委颁布的《新建建设工程雨水控制与利用技术要点（暂行）》（市规发〔2012〕1316号）为依据，结合《雨水控制与利用工程设计规范》《北京市小区雨水利用工程设计指南》等标准规范、低影响开发和海绵城市建设规划要求，综合考虑水文地质、总平面布局、全场地势、管网布置、绿色环保等方面的内在联系，设定机场整体防洪标准为100年一遇，航站楼等重要建筑防洪标准为200年一遇，力求建设成先进完善的雨水排放及利用系统。雨水排放及利用系统的区域规划如图5-2所示。

根据省市协议、永兴河机场段的河床和水位标高、天堂河改线方案、北京大兴国际机场环评报告及场外水系的实际情况，考虑永兴河机场段的河床和水位标高较永定河在该段的河床和水位低，因此将改线后的永兴河设为北京大兴国际机场的排水出路。当永兴河排水流量达到设计标准时，北京大兴国际机场允许外排流量为30m³/s；当永兴河排水流量未达到设计标准时，在北京大兴国际机场排水与永兴河排水量之和不超过永兴河设计标准的条件下，北京大兴国际机场可酌情考虑增加外排流量。

由于北京大兴国际机场占地面积较大、地势较平坦、雨水径流量较大，允许外排流量较小（近期仅为30m³/s），且机场排水和永兴河排水相互独立，同时结合北京大兴国际机场地势特点及全场土方自平衡方案，考虑到北京大兴国际机场场内雨水无法自流排除，因此需经抽升强排进入下游永兴河改线段是非常合理的方法。此外，考虑到雨水管渠设计对投资、管道埋深、管线综合布置、排水安全等影响，故在设计中统筹了雨水管渠与调蓄设施之间关系。结合以上分析，确定了北京大兴国际机场排水方式采用以高水高排、自排为主为原则的“调蓄＋抽升强排”二级雨水蓄排系统。系统规划分布概况如图5-3所示。

二级排水系统由雨水管道及排水沟、一级调蓄水池及泵站、排水明渠、二级调蓄水池及泵站组成。北京大兴国际机场各区域雨水径流汇入市政道路雨水管渠或飞行区排水明渠后排

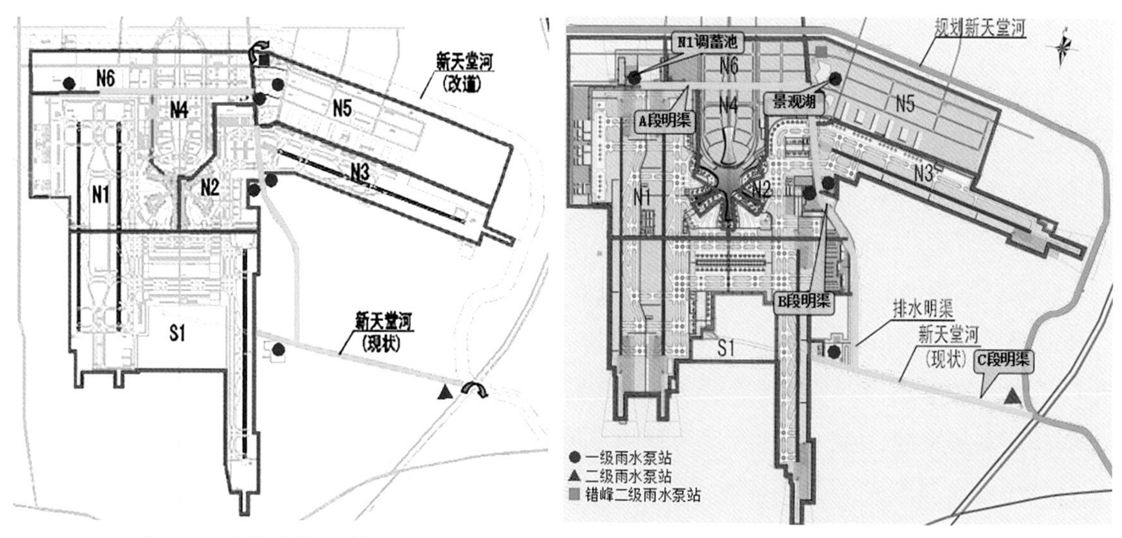

图5-2　二级蓄排系统区域划分图

注：图中“●”表示本期一级雨水泵站，“▲”表示本期二级雨水泵站，“■”表示本期备用二级雨水泵站，“ ”表示排入规划永兴河雨水出口

图5-3　二级雨水蓄排系统规划分布图

入各排水分区下游一级调蓄设施，经一级调蓄池蓄水削峰后由一级泵站提升进入排水明渠及景观湖。雨水经由排水明渠及景观湖组成的调蓄系统再次蓄水削峰后，由二级泵站提升至永兴河。各调节水池及泵站均采用自流排放和水泵强排相结合的排放方式，自排为主、强排为辅。为了降低能耗，减少泵站规模，靠近排水明渠的地块采用重力流方式排入明渠。同时为了保障景观、视觉效果，在保证场区内雨水调蓄容积的前提下最大限度地提高调节池及排水明渠常水位标高。调蓄池实景如图5-4所示。排水明渠不仅对场区排水起到蓄水削峰的重要作用，也对航站区及部分工作区起到改善区域微气候及景观的效果。

二级排水系统场区内共修建六座一级雨水泵站和两座二级雨水泵站，部分调节水池兼作景观用途。建设的机场雨水管理中心（含水系自动化监测系统），其建筑面积约1000m^2。主要功能包括机场泵站、闸门监控、水文水质监测、视频监视及通信网络。排水明渠设计水面宽度约为30m，渠道场内段长度约为12km，总水面面积约为36hm^2。排水明渠实景如图5-5所示。为了保证机场水系的储水、景观效果，考虑在部分排水明渠、调节水池底部及岸坡作防渗处理。两级调蓄设施调节总容积约270万m^3。

图5-4　二级蓄排系统调蓄池实景图

图5-5　二级蓄排系统排水明渠实景图

5.1.2 水安全目标可达性分析

由于北京大兴国际机场所处区域地势条件不利，海拔低于外部洪水位，排水无法通过重力流实现，因此机场排水系统中泵站与调蓄设施的合理配置是保障水安全目标的关键所在。针对模型预测的大、中、小三种降雨情景，泵站实行不同的运行方案。当预测值为中小降雨时，泵站起泵水位相对较高，调蓄设施主要以满足径流总量控制要求为主要目标。当预测值为大雨或暴雨时，调蓄池及景观湖将在降雨前执行水位预降，同时降低泵站起泵水位，为调节暴雨峰值流量预留充足的调节空间。设计的各区域蓄排能力见表5-1。

根据数学模型对雨水排水能力进行预评估，以判断二级蓄排系统排水防涝的可靠性，进而定量化评估水安全目标的可达性是水安全分析的重点。

各个排水区域设计数据一览表 表 5-1

系统		区域编号	汇水面积（hm^2）	径流系数	雨水流量（m^3/s）	泵站流量（m^3/s）	调蓄容积（万 m^3）	备注
1	一级	N1	585	0.80	45.0	6.0	26.0	排入一级调蓄水池
2		N2	256	0.80	52.3	9.0	10.8	
3		N3	352	0.75	38.1	15.0	12.0	
4	一级	N4	197	0.70	35.8	9.0	6.9	排入一级调蓄水池
5		N5	582	0.70	62.7	18.0	25.4	
6		N6	312	0.75	77.5	—	0.0	排入二级排水明渠
7	二级	S1	1024	0.75	55.0	21.0	25.2	排入 级调蓄水池
8	二级泵站及调节池		3308			45.0	170.3	当场外水系流量达到峰值时，该泵站流量为 $30m^3/s$
9	备用二级泵站					15.0		当场外水系流量未达到峰值时启用

现状排水能力评估对象包括内涝防治系统和雨水管渠系统。内涝防治系统排水能力评估对象还包括城市内河水系、道路及其他人工排水通道等系统。管渠排水能力评估包括雨水管渠的覆盖程度、各排水分区内管渠与泵站的达标率，并根据暴雨强度公式对规划区内 1~5 年重现期的短历时降雨情景进行综合排水能力评估。雨水管渠排水能力的评估则采用水力学法进行模拟计算。

评估计算时，选取北京 24h 雨型峰值前后各 1h，共 2h 雨量，将模型在不同重现期下进行模拟计算，提取整个历时的模拟结果。评判时，以汇水节点水位超出相应位置地面标高作为溢流发生的标志，但溢流的结果不代表冒水程度足以形成内涝风险。同时，辅以管网排水压力模拟测试，通过计算历时中不同管道最大压力是否为正值判断管道是否承压，进而判断管渠排水能力是否符合预期。统计计算结果表明，有 55.49% 的管道长度其排水能力可以抵御 50 年一遇的洪水，20.65% 的管道长度其排水能力可以抵御 10~50 年一遇的洪水，6.47% 的管道长度其排水能力可以抵御 5~10 年一遇的洪水，16.38% 的管道长度其排水能力可以抵御不到 5 年一遇的洪水。通过对雨水管网排水能力的评估，识别出容易产生严重问题的管道（如卡口、逆坡管等），有利于提前改善上游与其相连通的管道排水能力，预防问题的发生。

进一步对内涝风险进行评估，提前了解风险水平，有利于对水安全目标的保障。“内涝”是指因降雨造成城镇地面产生积水灾害的现象，其造成灾害的严重程度与积水深度和积水时间以及流速有密切联系。内涝风险评估一般采用历史灾情评估法、指标体系评估法和情景模拟评估法，在有条件的地区优先采用情景模拟评估法。当运用情景模拟评估法时，需建立地形模型、降雨模型、排水模型和地面特征模型。内涝风险情景模拟评估计算包括区域地表产汇流系统、管渠、河道排水系统、地面溢流系统。城市地表可分为不透水表面和透水表面。

城市不透水表面上的产流计算需要考虑蒸发、洼蓄、截蓄等造成的降雨损失；城市透水表面上的产流计算除需要考虑蒸发、洼蓄、截蓄等形式的雨量损失之外，还要考虑因下渗损失的雨量。

考虑机场所处区域的地形变化较为平坦，就内涝风险评估模拟而言，流速不构成内涝风险的因素，因此主要通过积水深度和积水时间等因素作为内涝风险的指示指标进行评估，部分模拟结果如图 5-6 所示。最终的模拟结果显示：在遇到 10 年一遇的洪水时，1.47hm^2 机场区域面积处于低风险水平，0.27hm^2 机场区域面积处于中风险水平，0.24hm^2 机场区域面积处于高风险水平；在遇到 50 年一遇的洪水时，46.2hm^2 机场区域面积处于低风险水平，23.21hm^2 机场区域面积处于中风险水平，13.63hm^2 机场区域面积处于高风险水平；在遇到 100 年一遇的洪水时，79.17hm^2 机场区域面积处于低风险水平，43.42hm^2 机场区域面积处于中风险水平，25.67hm^2 机场区域面积处于高风险水平。

（a）

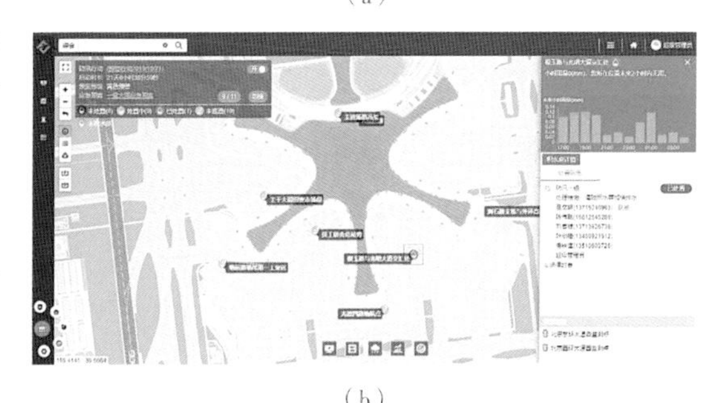

（b）

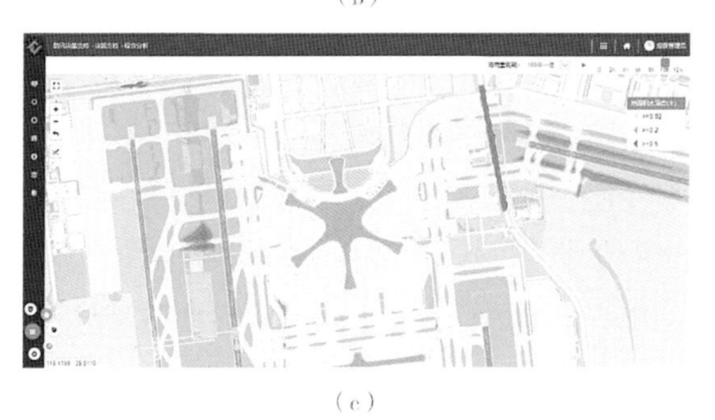

（c）

图 5-6 内涝风险评估部分模型模拟结果示意图

通过模拟 50 年一遇 24h 降雨条件下的研究区域进行动态积涝分析可知，机场区域积水风险较小，其内涝成因主要来自三方面：第一方面是由于局部低地形易积水，且积水后无法迅速退水；第二方面是 50 年一遇降雨强度大，在雨峰期间，泵站周转能力不够；第三方面为部分管网排水能力不足，存在瓶颈管网。

总体而言，通过构建二级蓄排系统，全场全部雨水均可通过自然或人工强化的入渗、滞蓄、调蓄及收集回用等措施进行控制利用后排放，径流总量控制比例可达 85% 以上。通过评估模型可以证明，管网利用效率及内涝风险均处于有效可控范畴内，通过实行预降水系水位及泵站强排等应急措施，可以有力地保障北京大兴国际机场区域的排水安全，减轻机场运营时的洪涝压力，从而确保机场排水安全。

5.2 水环境保护体系

海绵理念本就是一种利用多种生态途径来解决不同尺度区域空间水环境问题的雨洪管理理念。通过维持或修复场地自然水文过程的方式进行雨洪管理，保障机场区域水环境的可持续发展，需要海绵机场的雨水系统改变传统以“排”为主的雨水处理模式，通过模拟场区原水文循环的形式，在机场各汇水分区的源头、中途及末端，综合运用绿色雨水设施及传统灰色雨水设施，共同组织处理场区雨水径流，从而满足场区雨水的自然积存、自然渗透、自然净化，进而缓解机场内涝、面源污染以及水环境保护等问题，实现机场的可持续发展。北京大兴国际机场水环境建设依据《国务院办公厅关于推进海绵城市建设的指导意见》（国办发〔2015〕75号）、住房和城乡建设部发布的《海绵城市建设技术指南——低影响开发雨水系统构建（试行）》（以下简称《指南》）、北京市地标《雨水控制与利用工程设计规范》DB 11/685—2013提出的径流控制要求，规划、设计配套雨水基础设施。

5.2.1 初期雨水净化系统

按照初期雨水径流的运动过程和净化功能，北京大兴国际机场雨水系统可进一步分为渗透滞留系统、中途转输系统、过滤净化系统及收集储存系统等四个子系统。其中，渗透滞留系统源头分布在机场各功能汇水分区，主要以渗透补充地下水、滞留雨水为主，并兼具水质净化的作用；中途转输系统是串联滞留渗透设施和收集储存设施的中间环节，对机场形成点、线、面一体化的雨水管理系统网络起重要连接作用；过滤净化系统运用在径流运动的全过程，与滞留渗透、转输、收集储存系统结合净化处理雨水径流；收集储存系统处于雨水管理的最末端，通常与机场中水体景观的营造相结合，在起到蓄存雨水作用的同时，发挥着重要的生态效益及美学价值。各子系统特征的归纳总结见表5-2。

机场雨水管理子系统功能及技术设施 表5-2

雨水管理系统	主要功能	主要技术设施
渗透滞留系统	促渗，回补地下水，有效控制径流总量和面源污染	绿色屋顶、下凹式树池、雨水花园、透水铺装等
中途转输系统	收集和转输雨水径流及生产、生活污废水，控制点、面源污染	植草沟、雨水沟、市政管渠（排水明渠、雨水管网、污水管网）等
过滤净化系统	过滤、净化雨水，改善水质，降低径流污染	初期雨水弃流装置、污水处理厂、人工湿地、渗井、植被缓冲带等
收集储存系统	收集、容纳场区雨水径流，蓄水、削峰、调蓄、景观功能	调节池、蓄水池、景观水体等

1. 渗透滞留系统

渗透滞留系统因地制宜地主要采用下沉式绿地、透水铺装、绿色屋顶等措施及组合对初期雨水进行管控，以达到对初期雨水径流的总量控制和径流污染负荷的削减要求。

下沉式绿地泛指具有一定的调蓄容积（在以径流总量控制为目标进行目标分解或设计计算时，不包括调节容积），且可用于调蓄和净化径流雨水的绿地，包括生物滞留设施、渗透塘、湿塘、雨水湿地、调节塘等（图5-7）。下沉深度超过100mm的下沉式绿地具有有效调蓄容积。

图 5-7 下沉式绿地结构图

图 5-8 透水铺装图

透水铺装按照面层材料不同可分为透水砖铺装、透水水泥混凝土铺装和透水沥青混凝土铺装，嵌草砖、园林铺装中的鹅卵石、碎石铺装等也属于渗透铺装。透水铺装适用区域广、施工方便，可补充地下水并具有一定的峰值流量削减和雨水净化作用，但易堵塞，用于寒冷地区有被冻融破坏的风险。绿色屋顶以植物为主要覆盖物，配以植物生存所需要的营养土层、蓄水层（植被种植层）以及屋面植物根系阻拦层（保护层）、排水层、防水层（保护层）等，共同组成屋面系统。绿色屋顶可有效减少屋面径流总量和径流污染负荷，具有节能减排的作用，但对屋顶荷载、防水、坡度、空间条件等有严格要求。

对于机场的建筑与小区等其他涉及绿地率指标要求的建设工程而言，其50% 的绿地被建设为用于滞留初期雨水的下沉式绿地。建筑地块内绿地的设计与竖向设计相结合，布置带有溢流口的下沉式绿地，对径流雨水起到削减作用的同时，还可与周围区域雨水设施相衔接。对于处于工作区地块道路、建筑周边的下沉式绿地，其下沉深度根据具体条件确定，并通过植草浅沟将雨水引至绿地。道路绿地在满足景观需求等条件的基础上，也采用下沉式形式控制初期雨水径流，当径流集中进入下沉式绿地后，在集中径流处设缓冲消能设施。而以雨水收集利用为目的，表层土壤为砂性土壤（渗透系数大于 3.53×10^{-6}m/s）的情况时，则不大面积使用下沉式绿地，此举有利于减少雨水的渗透损失。以雨水渗透为目的时，土壤的渗透系数宜大于 10^{-6}m/s。

人行步道、城市广场、步行街、自行车道、停车场处采用透水铺装路面，且透水铺装率不小于 70%，实景如图 5-8 所示。市政道路人行道采用透水铺装形式，对于减少径流总量及净化径流水质起到了重要作用，当人行道雨水径流无法下渗时，人行道雨水径流将与非机动车道雨水径流一同汇入机非隔离带。机非隔离带采用下沉形式，调蓄人行道及非机动车道雨水径流。部分道路机非隔离带由于宽度及下沉深度受限，无法满足该系统径流总量控制要求，故在部分机非隔离带下布设蓄水模块，增大机非隔离带蓄水能力，使该系统满足相应径流总量控制要求。飞行区场道及道路区域中，对不需要满足车辆荷载要求的滑行道，也采用透水铺装。道路绿地内部及周边步道通过采用透水铺装形式增大了径流入渗量。北京大兴国际机场航站楼周边道路采用透水铺装，路面雨水及绿地雨水通过汇集后引入到生物滞留池中进行雨水蓄滞净化。透水铺装地面建造在土基上，自上而下依次设置透水面层、透水找平层、透水基层和透水底基层；当透水铺装设置在地下室顶板上时，其覆土厚度不小于600mm，并增设了排水层。

机场建筑屋面则应采用对雨水径流无污染或污染较小的材料，不应采用沥青或沥青油毡，优先考虑绿化屋面，保证屋顶绿化面积占建筑屋顶面积的30%~85%，力求初期雨水的调蓄削峰。

通过对各类规范文件综合整理，北京大兴国际机场对渗透滞留系统的控制指标为：透水铺装率不低于70%（仅限工作区内地块，飞行区透水铺装率为0），下沉式绿地率不低于50%，绿色屋顶不作强制性要求。

2. 中途转输系统

中途转输系统主要以沟渠和管网的形式构建。在应对初期雨水时，飞行区场道及道路区域可将竖向雨水引入周围下凹绿地中，为解决初期雨水污染问题，沿滑行道外延设置卵石沟渠，雨水经过卵石沟渠过滤后溢流至下凹绿地中。

机动车道雨水径流仅针对初期雨水采取控制措施，故径流总量控制率较低。综合考虑融雪剂对植被的影响、机动车道承载力要求等因素，大部分机动车道雨水径流不能利用机非隔离带及中央隔离带内绿地消纳，直接排入下游管渠汇入景观明渠（图5-9），并在雨水管渠入河处布置初期雨水池，从而保证北京大兴国际机场具有良好的水环境质量。

航站楼屋面雨水采取雨落断接或设置集水井等方式将屋面雨水断接并引入周边绿地内小型、分散的低影响开发设施，并通过植草沟、雨水管渠将雨水引入场地内的集中调蓄设施。屋面及硬化地面雨水回用系统均设置了弃流设施，雨水可回用于建筑生活杂用水、绿地浇洒、道路冲洗和景观水体补给等。

3. 过滤净化系统及收集储存系统

在北京大兴国际机场的海绵系统设计中，过滤净化系统与收集储存系统往往联系紧密，互有耦合交叉，可以大致分为初期雨水弃流系统和初期雨水净化调蓄系统。

（1）初期雨水弃流系统

图5-9 景观明渠实景图

初期雨水弃流指通过一定方法或装置将存在初期冲刷效应、污染物浓度较高的降雨初期径流予以弃除，以降低雨水的后续处理难度。弃流雨水应进行处理，如排入市政污水管网（或雨污合流管网）由污水处理厂进行集中处理等。常见的初期弃流方法包括容积法弃流、小管弃流（水流切换法）等，弃流形式包括自控弃流、渗透弃流、弃流池、雨落管弃流等。初期雨水弃流设施是其他低影响开发设施的重要预处理设施，主要适用于屋面雨水的雨落管、径流雨水的集中入口等低影响开发设施的前端。在管道上安装的初期雨水弃流装置在截留雨水过程中，有可能因雨水中携带杂物而堵塞管道，从而影响雨水系统正常排水，因此，在设计着重注意系统维护清理的措施。初期雨水弃流设施占地面积小，建设费用低，可降低雨水储存及雨水净化设施的维护管理费用，但径流污染物弃流量一般不易控制。

对于机场高架桥的雨水弃流而言，雨水径流通过雨落管将桥面雨水集中汇入雨水分流装置处，分流装置将初期雨水弃流至邻近污水管内，当初期雨水结束后，分流装置将后期较为洁净的雨水径流汇入地下雨水调蓄设施内，多余雨水径流将通过溢流口溢流至桥下透水铺装区域再次消纳雨水径流，实现对桥面雨水径流的多重控制。飞行区场道及道路区域雨水自流接入排水明渠，初期雨水通过初期雨水弃流井被截留在池内，以起到对初期路面雨水的渗透和净化作用，按时间或水位控制将初期雨水用泵抽送至场区污水系统，后期雨水经处理后抽送入厂区绿化系统和道路冲洗系统。

（2）初期雨水净化调蓄系统

初期雨水净化调蓄系统兼顾了水量与水质调节，将调蓄与雨水水质净化集成到一个系统中。北京大兴国际机场一般将初期雨水通过雨水管渠接到入河处布置初期雨水池进行初步调节，并在排水系统下游布置大型地面调蓄设施，调蓄设施底部采用渗水形式且种植水生植物，对消纳机动车道雨水径流及净化径流水质起到一定程度的作用。针对机务维修等初期雨水径流污染严重的区域，需在调蓄设施前设置了雨水预处理设施，再将雨水排入调蓄设施。

对于面积较大的飞行区滑行道，配备了雨水调节设施，针对飞行区滑行道的轮胎磨损等初期雨水径流污染严重的问题，在调蓄设施前设置了雨水预处理设施，预处理后雨水才能排入调节设施（图5-10）。调节系统的设计标准与下游排水系统的设计降雨重现期相匹配，且不小于3年。调节设施布置在汇水面下游，雨水调节池布置形式采用溢流堰式和底部流槽式。此外，调蓄设施亦增加人工土壤渗滤等辅助措施，可提高调蓄池的初期雨水净化能力，防止对地下水造成污染。

由于北京大兴国际机场飞行区、油库区、航站区等硬化道面的初期雨水性质不同，则采取不同的收集、处理措施。场内飞行区、航站区、办公生活区硬化道面汇集的雨水较为清洁，可直接通过雨水排放系统排入天堂河，并且雨水在场内汇集后储存在场内排水明渠内，构成生态水系，储存的雨水及中水由于水系内植物、微生物的作用，

图5-10 飞行区雨水调蓄设施

污染物被进一步降解，水质可得到进一步改善。若发生如燃油泄漏等事故，道面聚集污染物，初期雨水被污染，则对初期雨水进行收集处理。飞行区、航站区排水系统设置了雨水分流井及雨水调节池，将事故状态下的初期雨水收集至雨水调节池，经过隔油沉砂处理后，在生态水系内由于植物和微生物的作用得到进一步净化，最后不定期地排入改道后的天堂河。

5.2.2 面源污染控制系统

北京大兴国际机场原有用地类型主要包括村庄、民房、水渠、道路，无大型工矿企业及高大建筑群落分布，综合径流系数较低，无过多污染源，雨水径流可通过土壤、水渠自然消纳、净化，具备良好的水环境自净能力。由于北京大兴国际机场建成后，出现了大量建筑群落、道路等非点源污染源，因此径流污染形成的面源污染控制成为需要解决的重要问题。

考虑机场不同功能区特征及其降雨径流水质的区别，初步按照机场功能分区划分七大汇水区，即飞行区、航站区、货运区、工作区、生活区、油库区、机务维修区。其中，飞行区排水要求最为严格，其主要的铺筑面为可承受飞机载荷的承重型道面，跑道、滑行道之间以及滑行道与滑行道之间的土面区亦有一定的纵、横坡度要求，且为保证飞行安全，飞行区升降带平整范围、跑道端安全区、滑行道和机坪道肩范围内不得积水，故很难降低该区域内的径流系数，其雨水中碳氧化合物及固体颗粒含量较高，且冬季除冰液不经处理直接排放，对雨水径流及下游水体污染带来巨大影响；航站楼作为机场的主体建筑，屋面雨水排水量巨大，且初期雨水径流污染物浓度较高，其屋顶降雨径流是机场面源污染的主要组成部分之一；货运区的室外堆场及特种仓库，可能存在点源或面源污染，对雨水水质带来较大的冲击负荷；工作区雨水水质除初期降雨可能稍有污染外，相对较清洁；生活区易造成雨水与生活油污废水混流；机场油库区围堰（防火堤）内初期雨水含有油类物质；机务维修站坪区雨水径流含有油污、修理使用的化学制剂等，水质成分复杂。

借助“海绵机场”的低影响开发雨水系统，北京大兴国际机场做到了有效弥补传统机场污染控制措施中的不足，实现了面源污染控制的环境效益目标。其具体控制主要通过源头、中途、末端三部分系统实施。

图 5-11 生态调蓄景观堤岸实景图

源头控制主要指在场内建筑、道路等区域，通过结合硬化面积周边空间采用生物滞留设施、雨水调蓄池等设施，实现径流总量控制，减少排入下游径流量。中途措施主要指通过在排水系统中配置调节池、植草沟等设施调节径流峰值流量、净化径流水质。末端措施主要指在结合源头控制及中途控制措施的基础上，通过景观水体、生态堤岸等措施综合达到径流总量、径流峰值、径流水质控制要求。生态堤岸实景如图 5-11 所示。

通过海绵机场建设，综合采取“渗、滞、蓄、净、用、排”等措施，最大限度地削减飞行区轮胎磨损、石油燃料等雨水径流污染负荷，达到控制面源污染、提升北京大兴国际机场环境承载力的目的。同时，也改善了北京大兴国际机场内滞洪区局部热岛效应，有效调节了小气候，降低夏季大气温度，实现了机场建设区域内热岛强度不高于1.5的要求。

5.3 水资源利用设计方案

在机场内涝灾害、径流污染、雨水资源浪费严重的同时，我国又面临着水资源日益短缺的现实，水资源缺乏已成为制约城市可持续发展的主要因素之一。机场作为城市、国家重要的交通运输基础设施，是城市的用水大户，在节约水资源、开发非传统水资源、实现可持续发展等方面负有责无旁贷的使命。

5.3.1 雨水资源回用系统

水资源的缺乏已成为世界性的问题，在传统的水资源开发方式已无法再增加水源时，回收利用雨水成为一种既经济又实用的水资源开发方式。雨水作为非传统资源的利用具有多重功能。雨水资源化利用技术与北京大兴国际机场建设的结合在很大程度上改变了北京大兴国际机场的水环境现状。

长期以来，城市建设导致自然植被和土壤等覆盖的自然地表不断遭到破坏，自然地表被建筑、道路、停车场等人工建（构）筑物所替代，使得降落在其表面的雨水通过排水装置迅速排入城市雨水管网。由于天然雨水具有硬度低、污染物少等优点，因此它在减少城市雨洪危害、开拓水源方面正日益成为重要主题。因此，北京大兴国际机场建筑群体、飞行区等屋面及地面雨水在经收集和一定处理后被用于景观环境、绿化、洗车场、道路冲洗、冷却水补充、冲厕及一些其他非生活用水用途。

此外，雨水收集利用还对保持水土和改善生态环境发挥着重要的作用，不但减少了地下水开采，还可以补充部分地下水，减轻整个自然界水循环系统的压力。同时，减少水土流失，对建设生态机场、生态城市，保护环境都具有十分重大的意义。

1. 机场绿地雨水控制利用

为了建设海绵机场，实现雨水的“渗、滞、蓄、净、用、排”，机场绿地不仅要满足自身功能（如吸热、吸尘、降噪等生态功能，为旅客提供游憩场地和美化机场等功能），同时也需达到相关规划提出的低影响开发控制目标与指标要求。因此，机场绿地在设计中建立了LID设施及雨水回收系统，同时尽可能利用经过处理的中水对景观补水、植物浇灌，此举充分体现了“海绵机场”的理念。北京大兴国际机场绿地雨水收集系统效果，如图5-12所示。

2. 机场景观水系雨水控制利用

北京大兴国际机场作为大型国际航空枢纽，对内部水域（排水明渠、人工湖）的水环境

图 5-12　北京大兴国际机场绿地雨水收集系统效果图

具有较高要求。由于雨水排除系统易将路面累积的污染物带入水体，导致水质变差，因此在北京大兴国际机场的前期规划和设计中，雨洪控制与利用措施被同时纳入到实际建设中，这利于控制径流污染、改善机场水环境、实现雨水资源化利用。机场雨水控制利用流程，如图 5-13 所示。

北京大兴国际机场场内通过设置下沉式绿地及雨水调蓄池（人工湖）等雨水控制与利用设施，使其发挥了“渗、滞、蓄、净、用、排”等多种协同作用，这不仅明显减小了雨水的外排量，利于涵养城市地下水源，有助于削减城市洪峰流量，留住宝贵的雨水资源，进一步提高雨水排放系统设计标准，还有利于各不同下垫面冲刷雨水先行进行生态处理和弃流，使雨水得到净化，降低初期雨水径流污染，避免污染雨水排入场内排水明渠。综上所述，北京大兴国际机场通过雨水资源的控制、收集与利用，实现了建设绿色机场、海绵机场的理念。

5.3.2　污水再生利用系统

北京是缺水城市之一，污水深度处理并作为再生资源是缓解水资源短缺的重要措施，同时也是北京大兴国际机场（绿色机场）建设的必然要求。为此，北京大兴国际机场建设要求将全部污水及一、二级调蓄设施内存储的部分雨水作为再生水水源进行深度处理，达到再生

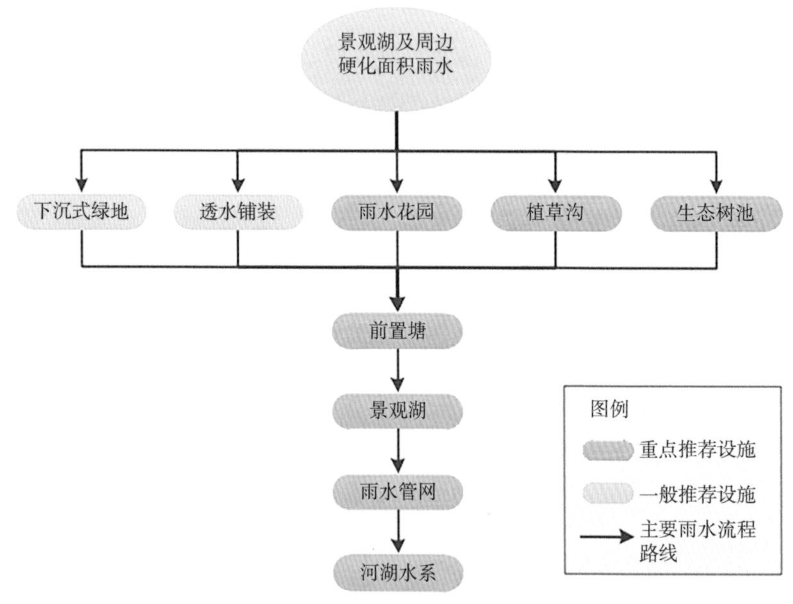

图 5-13　雨水控制利用流程图

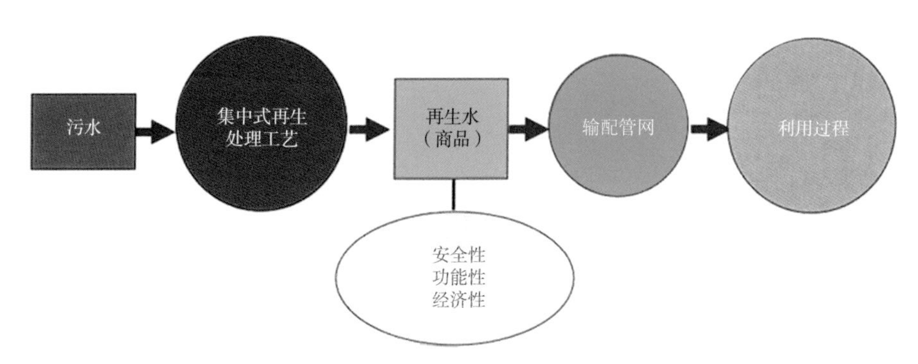

图 5-14 机场再生水处理及利用流程图

水水质标准，用于场区绿地浇洒、车辆冲洗、道路清洁、空调循环冷却水及水景补水等。当再生水盈余时将排入场内景观河湖。北京大兴国际机场景观河湖补水量综合考虑水系蒸发、渗漏、降雨、水质维护等因素确定。其中，主要因素包括水面蒸发、渗漏损失量、维持水质的换水量或循环水量。北京大兴国际机场本期水系水面面积约为 110hm^2，全年平均日蒸发量约为 3000m^3/d；夏天温度较高时，若满足水系水质要求，需 10d 换水一次，补水量较大。因此，除再生水外，雨水也是北京大兴国际机场水系补水的最主要来源，雨水收集设施的应用也必不可少。

为节约用水，缓解水资源紧缺的现实问题，北京大兴国际机场将机场内全部污水进行深度处理达到再生水水质标准后作为再生水使用，其流程如图 5-14 所示。再生水处理厂 MBR 膜池系统如图 5-15 所示。机场根据不同建设阶段，分为本期、近期、远期三个阶段，再生水总水量即为污水处理总量。

再生水需水量根据用地性质、需水量标准及各建筑单体需水量预测。按年旅客量 4500 万人次估算，最高日再生水量约为 13000m^3/d；按年旅客量 7200 万人次估算，最高日再生水量约为 18000m^3/d；按年旅客量 1 亿人次估算，最高日再生水量约为 24000m^3/d。本期再生水设计中将全部污水以及场内一、二级调蓄设施内存储的部分雨水作为再生水水源进行深度处理，根据水量平衡分析，场内再生水水源可满足场内再生水使用需求。再生水水质应符合《城镇污水处理厂水污染物排放标准》DB 11/890—2012 中 A 级标准及《城市污水再生利用　城市杂用水水质》GB/T 18920—2002 和《城市污水再生利用　景观环境用水水质》GB/T 18921—2002 中规定的标准，空调循环冷却水及冷却塔补水等需要特殊水质要求的，其供水深度处理设施也在相关的项目中考虑。

图 5-15 机场再生水处理厂 MBR 膜池系统

北京大兴国际机场场内再生水系统主要用于冲厕、绿地浇洒、车辆冲洗、道路清洁、空调循环冷却水补水，再生水总量除负担以上机场再生水需水量外，还负担场内排水明渠及人工湖景观补水等用途。再生水管网负责将再生水输送到机场各用水处，此外单独设置污水处理厂退水管兼作再生水补水管，从再生水处理设施连接至排水明渠，再生水多余水量通过补水管直接排入排水明渠及人工湖，以补充景观用水。

再生水回用管道依据远期用水量确定，干管规格为 *DN*300~*DN*700，管道设计基于近、远期相结合，分期实施的原则，沿规划道路敷设环状管网，位置偏远区域可敷设为支状，但应考虑将来有连成环状管网的可能，在竖向联络道处预留有 2 个 *DN*500 的管道接口，为远期南区用户供应再生水。

5.4 水生态修复体系

5.4.1 生态河线景观系统

1. 海绵设计

机场范围内的雨水经处理措施处理后方可流入景观湖、明渠等水体。景观湖及明渠具备雨水调蓄功能，可通过建设雨水湿地、湿塘、渗透塘等设施发挥调蓄功能。在景观湖及明渠绿化控制线范围内的绿化带内设置植被缓冲带，用以接纳相邻机场道路等不透水面的径流雨水。植被缓冲带坡度为 2%~6%，宽度不小于 2m。对于陡坡岸线，采用阶梯式生态岸线。景观湖等雨水调蓄设施采用雨水预处理和水质控制措施。利用湿塘、景观湖等设施提高水体的自净能力，同时采取人工土壤渗滤等辅助措施对水体进行循环净化。周边区域径流雨水进入景观湖内的低影响开发设施前，利用沉淀池、前置塘等对进入绿地内径流雨水进行预处理，以防止径流雨水对绿地环境造成破坏。景观湖及明渠两侧游步道、广场、休憩场所采用自然、砂石等非硬化地面。景观湖及明渠内生态岸线种植植物是根据调蓄水位变化选择的适宜北京大兴国际机场地区耐淹耐旱种类的水生及湿生植物，并做到与周边景观充分结合。机场整体景观效果如图 5-16 所示。

2. 雨水控制流程

雨水经过景观湖及明渠周围地块海绵设施的滞留、净化、传输后进入前置塘，经前置塘的处理后进入景观湖或明渠，当景观湖或明渠内雨水满足设计要求时，雨水可溢流至雨水管网。

其中，北京大兴国际机场 N6 区及主干四路（磁大路南段）雨水自流接入排水明渠，该区域各雨水干线出口处均设置沉淀池一座，每池容积为 350m^3，初期雨水被初期雨水弃流井截留在池内，以起到对初期路面雨水的渗透和净化作用，按时间或水位控制，初期雨水用泵抽送至场区污水系统，后期雨水经处理后抽送入厂区绿化系统和道路冲洗系统。机场生态景观湖实景如图 5-17 所示。

5.4.2 生态调蓄系统

径流雨水进入调蓄池之前，利用沉淀池、前置塘等措施对径流雨水进行预处理，以防径流雨水对地下水资源造成污染。调蓄设施增加人工土壤渗滤等辅助措施，有利于提高调蓄池的初期雨水净化能力，防止对地下水造成污染。设置碎石缓冲或采取其他防冲刷措施，有利于缓解进水口、溢流口因冲刷造成水土流失。运维及时清理垃圾与沉积物，可避免进水口、溢流口堵塞或淤积导致的过水不畅。调蓄设施与周围地形、地貌和景观保持协调，并应及时对调蓄设施周围损坏或缺失的防误接、误用、误饮等警示标识及护栏等安全防护设施与预警系统进行修复和完善。此外，确保雨水调蓄设施排空时间不超过12h，并保证出水管管径不超过市政管道排水能力。生态调蓄系统实景如图5-18所示。

收集全部污水以及场内一、二级调蓄设施内存储的部分雨水作为再生水水源进行深度处理，达到再生水水质标准后用于场区绿地浇洒、车辆冲洗、道路清洁、空调循环冷却水补充及水景补水等。

图5-16 北京大兴国际机场整体生态景观效果图

图5-18 生态调蓄系统实景图

图5-17 生态景观湖实景图

第6章

机场“海绵模块”——新锐设计

机场智慧二级蓄排设施

航站区立体式海绵系统设计

工作区中枢型海绵系统设计

除冰液原位绿色处理系统

第6章 机场“海绵模块”——新锐设计

北京是水资源严重短缺的城市，为合理利用水资源，北京大兴国际机场只有通过制定科学的水系统专项规划才能达到综合利用水资源、建成“绿色机场”的目的。党的十八大以来，中央政府将发展生态文明作为国家战略，超过200个地级以上城市提出了建设生态、低碳城市的发展目标，习近平总书记也对北京大兴国际机场提出建设“以平安、绿色、智慧、人文为核心的四型机场”的新要求，北京大兴国际机场迫切需要围绕智慧化、产业化、融合化、高端化实践海绵创新理念，实现北京大兴国际机场绿色建设要求。其借鉴国内外先进大型机场的建设理念，结合当下海绵城市建设先进经验，提出智慧二级蓄排系统、航站区立体式海绵系统、工作区中枢型海绵系统和除冰液原位绿色处理系统等创新海绵建设理念。

6.1 机场智慧二级蓄排设施

6.1.1 建设总体思路

北京大兴国际机场本着确保机场防洪安全、建立机场内部水资源、为节能减排创造条件的总体思路，结合选址及其周围地区综合区位条件，建设了由雨水管网、一级调节水池及泵站、二级调节水池及泵站和排水明渠组成的二级蓄排系统。该系统构建充分考虑机场周围地形地势、原有河道的设计流量等相关条件，同时将重要的降水因素考虑在内，结合机场整体设计的节能目标，构建出先进的、适合北京大兴国际机场具体项目实施条件的智慧二级蓄排设施。各区域雨水经雨水管道（排水沟）收集后排至相应的调节池，经调节池蓄水削峰后由一级泵站提升至排水明渠。雨水进入排水明渠后顺流而下排至二级调节水池，再次蓄水削峰后由二级泵站提升排至改线后的永兴河。排水明渠是一个相对独立的封闭水系，对场区排水起到蓄水削峰的重要作用，同时在航站区及部分工作区有改善区域微气候及景观的效果。

6.1.2 确定机场排水出路

图 6–1 北京大兴国际机场与洪泛区相对位置示意图

图 6–2 永兴河与北京大兴国际机场位置关系图

图 6–3 永兴河现场效果示意图

根据《防洪标准》GB 50201—2014 要求，确定北京大兴国际机场的防洪标准为 100 年一遇。通过机场周边水系资料分析可知，永兴河的防洪泄洪标准仅为 20 年一遇，低于永定河的 100 年一遇标准，也低于机场防洪标准，如图 6–1 所示。同时，由于北京大兴国际机场的建设占压部分永兴河河道，因此，永兴河需改道并提高防洪泄洪标准。根据省市协议、永兴河机场段的河床和水位标高、天堂河改道方案、北京大兴国际机场环评报告及场外水系的实际情况，确定改道后的永兴河作为北京大兴国际机场的排水出路，改道方案如图 6–2 所示。当永兴河排水流量达到设计标准时，北京大兴国际机场允许外排流量为 30m^3/s；当永兴河排水流量未达到设计标准时，在北京大兴国际机场排水与永兴河排水量之和不超过永兴河设计标准的条件下，北京大兴国际机场允许外排流量可酌情增加。永兴河现场效果如图 6–3 所示。

改道后的永兴河对北京大兴国际机场的影响主要包括以下几方面：

（1）防洪方面

北京大兴国际机场主要受到来自其西北侧天堂河洪涝的影响，改道后的永兴河可挡住北侧的客水，西侧有京九铁路高路基作为天然堤坝，可抵御部分客水，但仍有部分客水可通过铁路桥桥孔向场址漫溢。

（2）场内地势标高方面

由于防洪主要通过垫高场址地坪或绕场址修建堤坝两种方式实现，场道专业经过分析认为，在土方平衡和投资规模上，通过提高地势标高实现场址安全经济上不可行，因此决定采用在场址红线外以与道路结合的形式设置堤防的方式进行防洪设计，做到永兴河不对场内地势标高造成影响。

（3）堤坝的建设规模方面

北京大兴国际机场需建设约 20km 的堤坝，其中约有 12m 的堤坝可与河道或市政道路统筹考虑，节约道路型堤坝的建设成本。

（4）排水明渠布置方案

根据天然地势条件自西向东、从南北两侧向中间布置场内排水明渠显然是首选的合理方案，根据省市间协议，本次北京大兴国际机场排水采用单独排水，不与永兴河结合设计，因此，排水明渠布置方案基本不受永兴河改道影响。

（5）排水总出口位置方面

由于场内东南方向地势相对较低，排水较便捷，且在场外可利用现状河道排水，因此将排水总出口设于场址东侧现状永兴河与改道永兴河相衔接的部位。由于北京大兴国际机场场址南临永定河，因此还考虑了将排水出口设于场址南侧，使排水直接向南接入永定河，但该方案在永定河地势标高上不成立（根据地形资料，场内地坪比永定河河床低约 1m）。所以，排水总出口设在场址东侧。

经过以上分析，可以认为，北京大兴国际机场使永兴河改道，但改道方案基本不受场内排水的影响，同时，永兴河的改道方案也基本不影响场内排水方案。

6.1.3 建立整体排水体系

根据北京大兴国际机场地势，经综合考虑，将机场雨水排水分为南北两大区域分别排放。南部区域主要为空侧区域，北部区域主要为陆侧及部分空侧区域。空、陆侧区域雨水系统依场区地势布置，空侧区域为飞行区排水系统，采用排水明沟和管涵结合方式；陆侧区域为雨水管网系统，采用管道及方涵结合方式。在机场北部、东部及南部分期修建一条场内排水明渠，作为各区域的排水通道，各区域的雨水通过排水明渠最终排入永兴河。该排水明渠流经机场北部建筑密集区域，在两端设置闸门后可控制渠道水位，使该明渠在排水的同时亦可作为景观水系，有利于提高区域微环境及商业价值。

6.1.4 “调蓄 + 抽升强排”的二级雨水蓄排系统

北京大兴国际机场占地面积较大，地势较为平坦，雨水径流量大，这样的地势条件决定了北京大兴国际机场允许外排流量较小，近期仅为 $30m^3/s$，同时雨水不能直接就近排入永兴河，其排水系统与永兴河相对独立。外界条件最终导致机场场内雨水无法自流排除，需经抽升强排进入下游永兴河改线段。同时，考虑投资、管道埋深、管线综合布置、排水安全等对雨水灌渠设计的影响，在项目前期规划建设过程中也统筹了雨水灌渠与调蓄设施的关系。结合以上两个条件，机场排水方案具体采用“调蓄 + 抽升强排”的二级雨水排水系统，如图 6–4 所示。

北京大兴国际机场采用二级排水系统具体由雨水管道（图 6–5）及排水沟（图 6–6）、一级调蓄水池（图 6–7）及泵站（图 6–8）、排水明渠（图 6–9）、二级调蓄水池及泵站组成。北

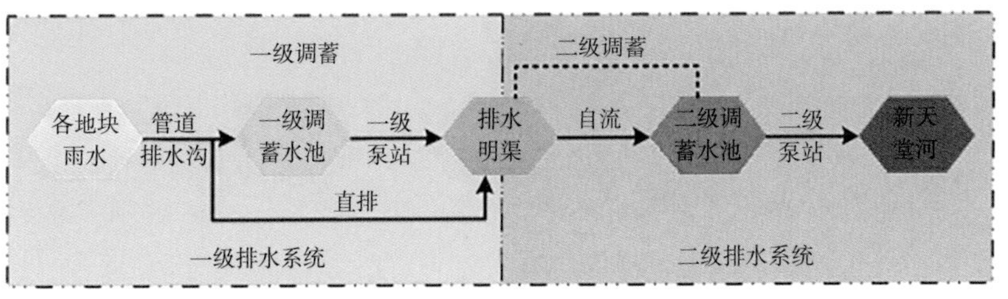

图 6-4 北京大兴国际机场排水方案图

图 6-5 雨水管道

图 6-6 排水沟示意图

图 6-7 一级调蓄设施现场图

图 6-8 雨水泵站实景图

图 6-9 排水明渠现场效果示意图

京大兴国际机场面对降水时，各区域雨水径流汇入市政道路雨水管渠或飞行区排水明渠后排入各排水分区下游一级调蓄设施，这一阶段主要经一级调蓄池蓄水削峰后由一级泵站提升进入排水明渠及景观湖，实现对雨水的区域内初步削减及利用；第二阶段雨水经由排水明渠及景观湖组成的调蓄系统再次蓄水削峰后由二级泵站提升至永兴河，实现了对雨水的二级排放及利用。该系统实现两级调蓄总容积约 270 万 m^3。

6.1.5 雨水排水区域划分

雨水排水分区邻近排水明渠，采用一级雨水排水系统直排排放，未设置调节水池及雨水泵站，区域内雨水可自流进入排水明渠，其余六个区域均采取二级雨水排水系统，并设置相应的调节水池及雨水泵站。近期场区内共新建六座一级调节水池及雨水泵站、两座二级调节水池及雨水泵站（含错峰泵站）。调节总容积约 270 万 m^3（含排水明渠），部分调节水池兼作景观用途。此外，也根据实际情况对所利用的永兴河河道进行了必要的整修。

北京大兴国际机场远期用地范围共规划 16 个排水分区，总调蓄容积约 380 万 m^3。根据项目情况，远期计划拟再建一级雨水泵站及排水明渠，同时新建一座二级外排雨水泵站，新建二级泵站外排流量根据实际允许外排流量确定，暂定为 $30m^3/s$，总外排流量按 $60m^3/s$ 考虑。

北京大兴国际机场区域整体地势低于外部洪水位，难以通过自身重力实现排水，因此泵站与调蓄设施的合理配置是北京大兴国际机场调蓄系统合理构建的关键所在。根据预测大、中、小三种降雨情景，泵站拟实行不同的运行方案。遇到中小降雨时，泵站起泵水位相对较高，调蓄设施以满足径流总量控制要求为主要目标；当遇到预测为大雨或暴雨时，调蓄池及景观湖将在降雨前预降水位、降低泵站起泵水位，为调节暴雨峰值流量预留充足调节空间。北京大兴国际机场近期用地范围规划雨水排水分区 7 个，具体如图 6-10 所示，总调蓄容积约 270 万 m^3。

6.1.6 科学排水线路规划

北京大兴国际机场场内排水明渠及景观湖是一个相对独立的封闭水系，对北京大兴国际机场场区排水起到蓄水削峰的重要作用。为了降低能耗，减少泵站规模，在北京大兴国际机场排水系统设计中靠近排水明渠的地块采用了重力流方式排入明渠。综合考虑景观、视觉效果，在保证场区内雨水调蓄容积的前提下，最大限度地提高调节池及排水明渠常水位标高。

北京大兴国际机场排水明渠位于机场北部、东部及南部，同时流经机场北部建筑密集区域，考虑到对机场跑道和机场内景观等因素的影响，北京大兴国际机场整体排水管路采取科学的线路规划方式，选取永兴河作为下游排水口。同时，对永兴河河道进行重新规划，规划后河道蓄容 70 万 m^3，北京大兴国际机场近期排水明渠布置如图 6-11 所示。其现场效果如图 6-12 所示。

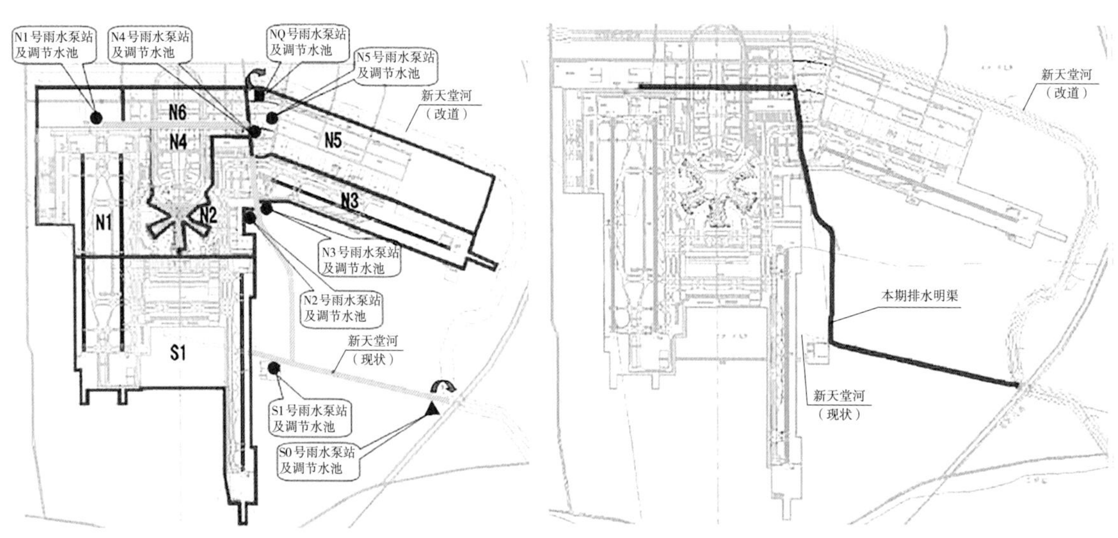

图 6-10 北京大兴国际机场近期雨水排除分区图

图 6-11 北京大兴国际机场近期排水明渠布置图

随着机场远期发展，为减少排水明渠对东二跑道的影响，排水明渠自东一跑道北端、北二跑道西端起，由向南延伸改至沿北二跑道南侧向东延伸至东二跑道东侧后，再向南延伸至现状永兴河河道。同时，为满足远期南部用地排水需要，计划在机场南部增设一条排水明渠，排水明渠以西跑道南侧为起点，沿机场南部道路向东延伸至东二跑道东部后向北延伸至现状河道。

图 6-12　排水明渠现场效果图

6.1.7　完备的终端检测设施

为实现对北京大兴国际机场内部智慧雨水管理系统的细节精准检测，以便保证各终端监测系统正常运转，为智慧雨水管理系统中央控制平台提供科学可靠的数据，对系统各雨水设施实施了相应的监测，其具体监测设备如图 6-13 所示。同时，根据智慧蓄排系统功能不同将其进行模块化，一方面可保证系统整体易于维护，另一方面也便于在必要时可灵活调整不同区域的设施，其终端设施如图 6-14 所示。

北京大兴国际机场整体规划采用成熟可靠的 MIKE 系列软件，建立了北京大兴国际机场排水管网水文、水动力学模型，一维河道模型，二维地面漫流规划模型。根据积水点的历史记录对建立好的模型进行大致的率定。利用建立好的模型对项目区域的排水状况进行了分析并对规划排水管网的排水能力及内涝风险进行了评估。根据不同的设计雨强和雨型，模拟城市内涝、积水的情况，为决策者提供科学支持。技术路线如图 6-15 所示。同时，根据此系统建立智慧雨水管理系统的中枢控制平台。

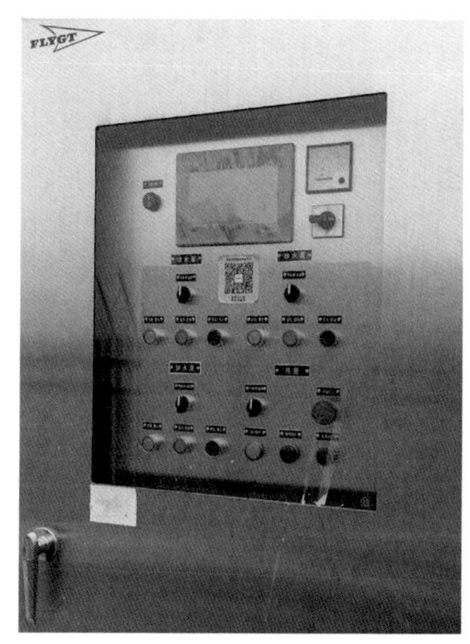

图 6-13　设施终端监测设备示意图

图 6-14　智慧雨水蓄排系统终端控制设施示意图

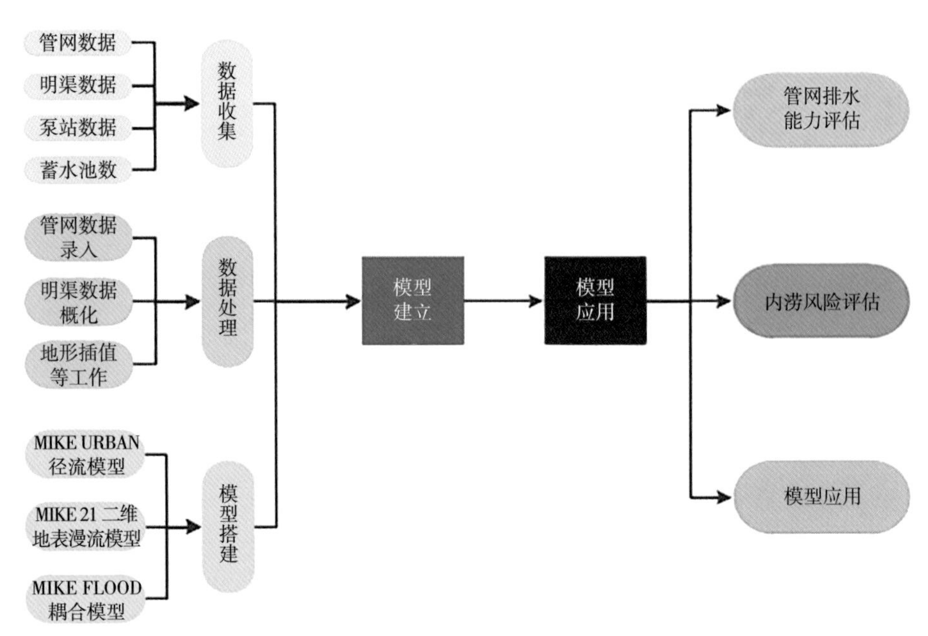

图 6–15　北京大兴国际机场防洪内涝模型建模技术路线

6.2　航站区立体式海绵系统设计

6.2.1　建设总体思路

北京大兴国际机场航站楼建设规模按满足年旅客量 4500 万人次设计目标建造，其中主楼规模按照年旅客量 7200 万人次设计，建筑面积为 700000m^2。作为北京大兴国际机场空陆侧的关键界面，同样是机场规划的核心组成部分，其构型及功能可直接影响机场空陆侧的基本特征和北京大兴国际机场未来的发展。航站楼建设采用了绿色节能技术，强调可持续发展，在发挥机场新四化功能的过程中具有重要价值。北京大兴国际机场航站楼的海绵设计充分体现了航站楼绿色发展的主题，建设适应当地的自然生态条件，充分利用可再生资源，采用适宜的技术尽可能减少能源消耗，做到节能减排，以达到降低运营成本的目的。

6.2.2　先进科学的雨水控制流程

北京大兴国际机场航站楼建设采用较低影响的渗透设施、存储设施、调节设施等实现对航站楼主体及其周围的低影响开发，航站楼雨水处理系统建设采用的系统流程如图 6–16 所示。采用的流程控制设施主要包括：渗滞设施——包括透水铺装、绿色屋顶、生物滞留设施、植草沟；储存设施——包括储水池、雨水桶等；调节设施——包括调节塘（池）等；转输设施——包括转输型植草沟、渗管（渠）等；净化设施——包括植被缓冲带、初期雨水弃流设施和人工湿地等。

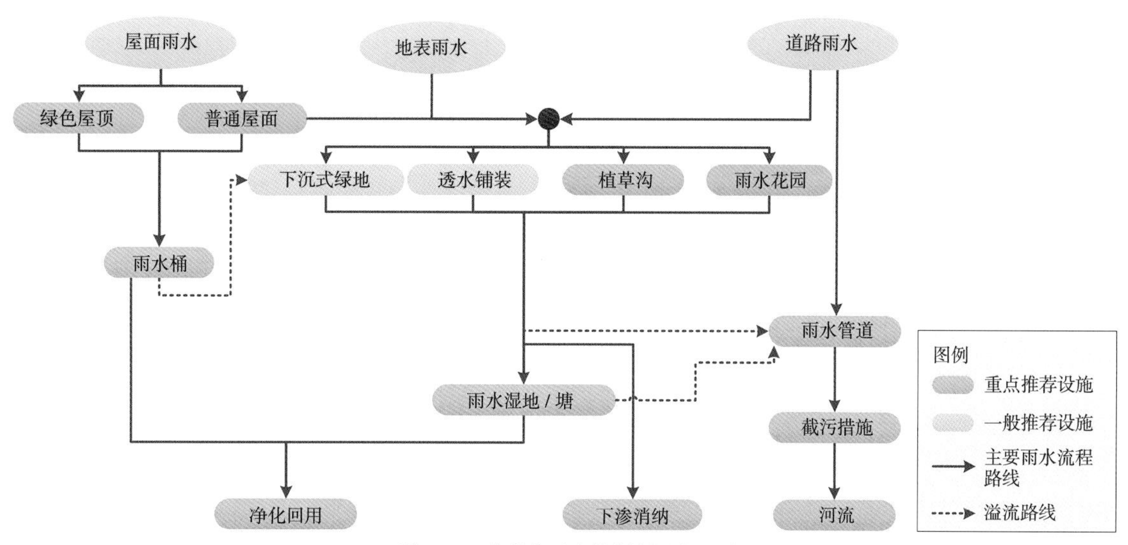

图 6-16 航站楼雨水控制利用流程图

6.2.3 航站楼主体海绵化设计

北京大兴国际机场航站楼屋面主体雨水处理采取雨落断接或设置集水井等收集方式，进而将屋面雨水在断接点处进行断接并引入周边绿地内小型、分散的对自然环境影响较小的低影响开发设施中，并通过植草沟、雨水管渠将雨水引入场地内的集中调蓄设施内，实现对雨水的低影响初级利用。屋面及硬化地面雨水则采用回用系统，同时设置弃流设施，回用雨水可回用于建筑生活杂用、绿地浇洒、道路冲洗和景观水体补给等，一定程度上实现对硬化部分雨水初级利用。较大的室内建筑面积决定了航站楼屋面汇水面积较大，故屋面雨水排水方法具体采用虹吸式雨水排放系统，如图 6-17 所示。

降雨历时按 5min 计算，航站楼重现期按不小于 20 年设计，屋面雨水排水和溢流排水的总排水系统重现期则按不小于 50 年设计，最大限度地实现了对北京大兴国际机场航站楼排水的科学设计。

6.2.4 航站楼周围海绵化设计

1. 透水铺装

为实现航站楼主体周围海绵部分的建设，北京大兴国际机场航站楼周边道路同时采用了整体透水材料铺装，路面雨水及绿地雨水通过汇集后引入到生物滞留池中进行雨水蓄滞净化，并通过植草沟将雨

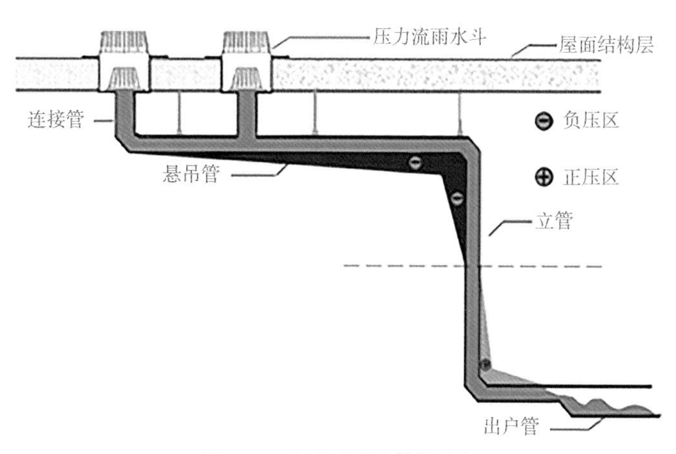

图 6-17 虹吸式雨水排放系统

水引入雨水调蓄水池，当水池雨水超过设计水位时，过多雨水量通过溢流管进入市政雨水管网。透水铺装样例如图 6–18 所示。按照面层材料不同可分为透水砖铺装、透水水泥混凝土铺装和透水沥青混凝土铺装，嵌草砖、园林铺装中的鹅卵石、碎石铺装等也属于渗透铺装。透水铺装结构应符合《透水砖路面技术规程》CJJ/T 188—2012、《透水沥青路面技术规程》CJJ/T 190—2012 和《透水水泥混凝土路面技术规程》CJJ/T 135—2009 的规定。透水砖铺装和透水水泥混凝土铺装主要适用于广场、停车场、人行道以及车流量和荷载较小的道路，如建筑与小区道路、市政道路的非机动车道等。透水铺装适用区域广、施工方便，可补充地下水并具有一定的峰值流量削减和雨水净化作用。

2. 雨水调蓄水池

路面雨水及绿地雨水汇集后引入到生物滞留池中进行雨水蓄滞净化，并通过植草沟将雨水引入雨水调蓄水池。雨水调蓄水池是具有雨水储存功能的集蓄利用设施，同时也具有削减峰值流量的作用，主要包括钢筋混凝土蓄水池，砖、石砌筑蓄水池及塑料蓄水模块拼装式蓄水池，用地紧张的城市大多采用地下封闭式蓄水池。航站楼雨水调蓄水池典型构造参照了国家建筑标准设计图集《雨水综合利用》10SS705，并全部埋于主体航站楼之下，可见区域为工作检修井，如图 6–19 所示。雨水调蓄水池适用于有雨水回用需求的建筑与小区、城市绿地等，根据雨水回用用途（绿化、道路喷洒及冲厕等）不同需配建相应的雨水净化设施，但不适用于无雨水回用需求和径流污染严重的地区。雨水调蓄水池还具有节省占地、雨水管渠易接入、避免阳光直射、防止蚊蝇滋生、储存水量大等优点，雨水可回用于绿化灌溉、冲洗路面和车辆等。

当水池雨水水位超过设计水位时，过量雨水通过溢流管进入市政雨水管网。为保证北京大兴国际机场航站楼海绵设计的科学运行，在利用水景来收集和调蓄场地雨水的同时，兼顾雨水蓄渗利用及其他设施。景观水体面积应根据汇水面积、控制目标和水量平衡分析确定。雨水径流经各种源头处理设施后方可作为景观水体补水和绿化用水。

通过加权平均北京大兴国际机场航站楼雨水径流总量控制率，在不考虑末端调蓄设施集中调蓄的基础上，北京大兴国际机场航站楼雨水径流总量控制率达到 85% 以上。

图 6–18　透水铺装样例实景图

图 6–19　航站楼雨水调蓄水池工作井口实景图

6.2.5 航站楼水循环系统

航站楼区域各建筑屋顶、道路广场、下凹式绿地、透水地面、渗透式线性排水沟等区域建设的雨水利用设施，进行雨水入渗、蓄存及回用，保证雨水综合利用率达到较高水平。雨水回用用途根据收集量和回用量、时间的变化规律、卫生要求等因素综合考虑确定，用作航站楼区域的冲厕、绿地浇洒、车辆冲洗、道路清洁、空调循环冷却水补水及景观补水等，其中用于空调循环冷却水补给的回用雨水量可达 6000m^3/d。此外，机场还自建了污水处理站及中水站，将机场范围内产生的各种污水进行处理达到相应回用标准后加以回用，处理后外排水质标准应符合环评要求，避免了对环境的破坏和影响。在污水处理站内建中水处理设备，以污水处理站出水作为中水原水，经中水处理设备深度处理，达到中水用水水质标准之后，通过加压泵将中水送到机场中水管网系统回用，从而减少自来水的用水量和处理后污水的外排量，达到节能和保护环境的双重目的。按年旅客量 4500 万人次估算最高日再生水量约为 13000m^3/d，按年旅客量 7200 万人次估算最高日再生水量约为 18000m^3/d，按年旅客量 1 亿人次估算最高日再生水量约为 24000m^3/d。再生水水质应符合《城镇污水处理厂水污染物排放标准》DB 11/890—2012 中 A 级标准及《城市污水再生利用 城市杂用水水质》GB/T 18920—2002 和《城市污水再生利用 景观环境用水水质》GB/T 18921—2002 中规定的标准，空调循环冷却水及冷却塔补水等需要特殊水质要求的，其供水深度处理设施在相关的项目中考虑。航站楼水循环系统示意图，如图 6-20 所示。

图 6-20 航站楼水循环系统示意图

6.3 工作区中枢型海绵系统设计

6.3.1 建设总体思路

根据其天然环境条件，设定了工作区建筑地块建设目标以雨水总量控制、削减地表径流、调节雨水为主，雨水收集利用为辅，结合相应目标建设。中央景观轴线是为机场区域使用的重要绿色空间，景观设计注重视线通廊的景观效果，景观和绿化布局疏密结合。景观设计采用亲人的尺度和材质，合理布置坐凳、园景灯等景观设施，区域植物景观较为丰富，乔灌搭配、四季有景，形成高品质的舒适休闲空间。

6.3.2 机场高架桥：便捷一体化花箱设计

机场主进出场路采用高架桥形式将旅客送至航站楼。机场高架桥雨水径流控制与地面路雨水径流控制不同之处在高架桥投影范围内，其他区域雨水径流控制形式与地面路一致。

由于机场道路硬化面积大，因此径流污染的控制尤为重要。要想达到机场高架桥道路的雨水控制与利用，桥面雨水径流需通过桥梁雨落管集中汇入到桥下净水花箱，桥面初期雨水经花箱（图 6–21、图 6–22）净化后才可实现径流污染控制，同时部分净化雨水储存在花箱底部供植物吸收生长，桥面降雨后期干净雨水经花箱溢流排放或收集利用。考虑冬季桥面融雪水对花箱植物生长的不利影响，还设置了分流装置实现桥面融雪水的分流排放。由于高架桥道路采用多种雨水径流水量、水质控制措施，因此大幅提高了高架桥所在道路的雨水径流总量控制率。花箱系统集水结构细部特征如图 6–23 所示，高架桥整体概貌如图 6–24 所示。

6.3.3 市政道路及停车场：雨水径流控制

通过加权平均北京大兴国际机场工作区所有市政道路雨水径流总量控制率可以看出，在不考虑末端调蓄设施集中调蓄的基础上，北京大兴国际机场工作区市政道路雨水径流总量控

图 6–21　便携一体化花箱实景图

图 6–22　高架桥海绵化花箱系统实景图

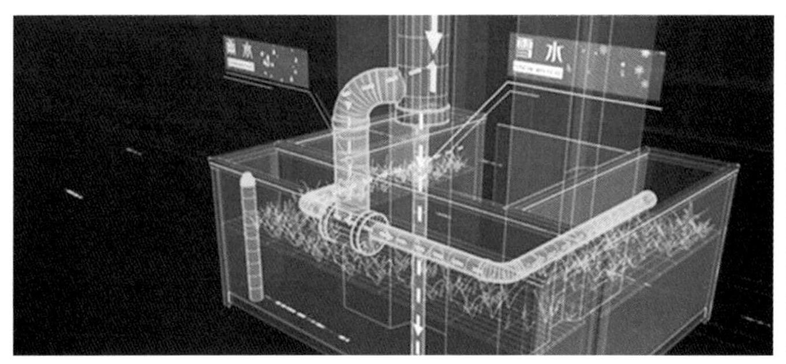

图 6–23　花箱系统集水结构示意图

图 6–24　高架桥整体夜景图

制率可达44%，将道路按各管控分区核算各分区总径流控制率时，由于各分区下游设有调蓄设施调蓄分区雨水径流，各分区内道路径流水质得到有效控制，且提高了原市政道路雨水径流总量控制率，为北京大兴国际机场全场径流总量控制率达到85%作出较大贡献。

1. 地面路海绵化设计

机场道路是北京大兴国际机场的重要组成部分，在北京大兴国际机场建设中占很重要地位。由于机场道路的建设，硬化面积增大，带来了一定程度的径流量增大与径流污染问题，因此，北京大兴国际机场的道路也采取海绵化设计，对控制全场径流总量和径流污染尤为重要。

北京大兴国际机场地面路根据道路等级依次有主干路、次干路、支路、微循环路四种形式，以控制主干路为例阐述道路海绵化设计。

如图6-25所示，道路海绵化设计主要从以下四部分进行。第一部分是人行道外侧至道路红线间绿化带雨水径流控制，第二部分是人行道透水设计，第三部分是机非隔离带调蓄空间设计，第四部分是中央隔离带雨水径流控制。

对于人行道外侧绿化带及中央隔离带的海绵化设计，主要采取了增高路缘石或将中央隔离带及绿化带内绿地改为下沉形式实现。中小降雨事件时，绿化带及中央隔离带雨水径流能够通过绿地上部调蓄空间消纳雨水径流，既满足年径流总量控制率与净化径流水质的要求，又间接增大了排水系统的排水能力。

北京大兴国际机场市政道路范围内人行道与非机动车道采用平缘石，横坡坡向机非隔离带，雨水径流最终汇入机非隔离带排入雨水管渠，故将三者作为统一的系统。市政道路人行道采用的透水铺装形式，对于减少径流总量及净化径流水质起到了重要作用，当人行道雨水径流无法下渗时，人行道雨水径流将与非机动车道雨水径流一同汇入机非隔离带。机非隔离带采用了下沉形式，以调蓄人行道及非机动车道雨水径流。部分道路机非隔离带由于宽度及下沉深度受限，无法满足该系统径流总量控制要求，故在部分机非隔离带下布设蓄水模块，增大机非隔离带蓄水能力，使该系统满足相应径流总量控制要求。

综合考虑融雪剂对植被的影响、机动车道承载力要求等因素并结合相关单位意见，北京大兴国际机场工作区市政道路设计时，大部分机动车道雨水径流不能利用机非隔离带及中央隔离带内绿地消纳，直接排入下游管渠汇入景观明渠。为保证北京大兴国际机场具有良好的水环境质量，在雨水管渠入河处布置了初期雨水池，同时在一级排水系统下游布置大型地面

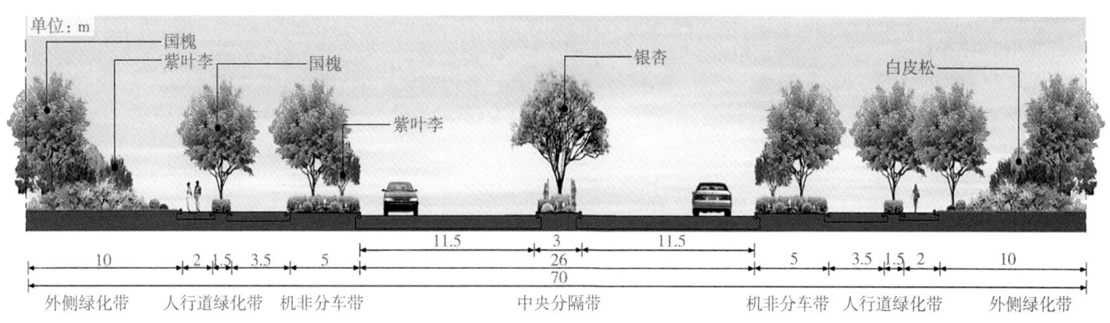

图6-25 北京大兴国际机场地面路海绵化示意图

调蓄设施，调蓄设施底部采用渗水形式且种植水生植物，对消纳机动车道雨水径流及净化径流水质起到了一定程度的作用。机场道路调蓄池实景图如图 6–26 所示。

2. 控制指标分析

结合上述地面路雨水径流控制形式，依据三个系统各自得出的雨水径流总量控制率加权平均得出该条道路雨水径流总量控制率。其中，三个系统分别是：

（1）绿化带与中央隔离带

该系统内均为绿地，径流系数低，且经过上述设计后，具备一定的调蓄空间，雨水径流总量控制率不应低于 90%。

（2）人行道、非机动车道与机非隔离带

除个别道路无法实现上述设计外，大部分道路该系统经过上述设计后，雨水径流总量控制率不应低于 85%。

（3）机动车道

机动车道雨水径流仅针对初期雨水采取控制措施，故径流总量控制率较低。对于人行道外侧绿化带及中央隔离带的海绵化设计，主要采取增高路缘石或通过将中央隔离带及绿化带内绿地改为下沉形式实现，如图 6–27 所示。

图 6–26　机场道路调蓄池实景图

图 6–27　中央隔离带现实效果图

6.3.4　机场交通综合枢纽：中心绿廊景观

中央景观轴位于工作区中央、地下轨道交通进场线位的上部，沿机场中轴线展开布置，呈南北走向，具体位置及效果图如图 6–28 及图 6–29 所示。中央核心景观轴作为航站楼和进场路的视线通廊，连接机场外围进场路与航站楼，可有效增强区域土地的景观品质，提升沿轴线两侧规划的办公区的土地价值。此外，该轴线下层作为轨道交通的进场线位，规划为景观绿化带是最恰当的选择。中央景观轴宽度范围为 130~250m，长约 1700m，用地面积为 27.06 万 m^2，并随周边规划路网局部收放。中央景观轴线是机场区域内的重要绿色空间，景观设计注重视线通廊的景观效果，景观和绿化布局疏密结合。中央景观轴绿化工程占地面积约

45hm²，其中，明渠A段以南两个地块的绿地率为76.6%，场道面积比例为23.4%，明渠A段以北地块的绿地率为100%。景观设计总体采用亲人的尺度和材质，合理布置坐凳、园景灯等景观设施，区域植物景观较为丰富，做到乔灌搭配、四季有景，进而形成高品质的舒适的休闲空间。

图6-28　中央景观轴位置及效果图

明渠以北部分，绿地设计结合机场的地形，适当下沉并且采用了雨水花园、下沉绿地、生物滞留池等多种海绵建设手段，可消纳绿地及周边雨水径流。经过上述设计后，绿地具备一定的调蓄空间，经计算雨水径流总量控制率不低于95%。明渠以南部分，绿地高耸并且高于地面2.5m，地下部分为商场。雨水经绿地下渗后，由雨水管接入模块化蓄水池将其收集并利用，雨水径流总量控制率可以达到85%。中央景观轴绿地实景如图6-30所示。

图6-29　北京大兴国际机场中央景观轴效果图

图6-30　中央景观轴绿地实景图

6.3.5　工作区绿地：周边区域雨水调蓄

由于机场流域面积大，雨水径流总量及峰值流量较一般区域高，而陆侧道路绿地较集中于工作区中部，占地面积大，具有较好的调蓄雨水径流的条件，因此，为满足北京大兴国际机场海绵城市雨水系统的合理构建，采取了结合道路绿地控制雨水径流的办法。

北京大兴国际机场工作区绿地及周边区域径流雨水通过有组织的汇流和转输，经截污等预处理后引入绿地内的以雨水渗透、储存、调节等为主要功能的低影响开发设施，如下沉式绿地、生态树池、生物滞留等，消纳自身及周边区域径流雨水，并衔接区域内的雨水管渠系统和超标雨水径流排放系统，可提高工作区内涝防治能力。工作区绿地实景图如图6-31所示。

图 6-31　工作区绿地实景图

绿地雨水径流控制结合了以下原则：①满足海绵城市建设要求，保障公用绿地内 95% 年径流总量不外排；②绿地雨量径流系数较低，结合全场竖向及地形设计，形成雨水径流汇流路径，确保调蓄容积能充分发挥作用，协助消纳周边地块及市政道路雨水径流，实现区域年径流总量控制；③道路绿地宜结合区域排水防涝要求，提供部分排水防涝功能，满足区域峰值流量控制要求；④道路绿地内部及周边步道采用透水铺装形式增大径流入渗量；⑤道路绿地在考虑景观需求等条件的基础上，采用下沉式形式控制雨水径流；⑥为防止市政道路、地块内雨水径流对绿地环境造成破坏，在雨水口及外部径流汇入处设置预处理设施；⑦绿地浇洒水量通过绿地内雨水径流收集装置实现；⑧绿地内雨水径流汇流路径采用地表排水方式，通过植草沟等实现雨水汇流过程。结合工作区绿地雨水径流控制形式，使得雨水径流总量控制率不应低于 95%。

6.4　除冰液原位绿色处理系统

6.4.1　建设总体思路

飞机除冰一般需向机体外表面喷洒除冰液体进行除冰，除冰液体喷洒到积冰上可使积冰融成雪泥，而被气流吹除，多用在风挡、雷达罩、尾翼前缘等部位，除冰现场如图 6-32 所示。目前，国际民航业普遍采用的机场除冰液以乙二醇、丙二醇和碱金属 / 碱土金属的低级有机酸盐等为主要原料，并添加一些能提高除冰效率的阻蚀剂、表面活性剂和增稠剂。其中，阻蚀剂主要成分为苯并三唑及其衍生物甲基苯并三唑，表面活性剂主要成分为烷基酚乙氧基化合物，包括壬基酚乙氧基化合物和辛基酚乙氧基化合物。研究表明，飞机除冰液中缓蚀剂和表面活性剂可在生物体内蓄积，能干扰水生生物的再生和生长。飞机除冰废水是指使用除冰液对飞机进行除冰后产生的废水，主要包含醇类化合物（乙二醇 / 丙二醇）、水、表面活性剂、

图 6-32 机场液体除冰现场工作示意图

缓蚀剂、增稠剂、飞机燃油、沙子以及通过管道收集的部分垃圾等，污染物种类繁多，成分复杂。其中，废水中的醇类化合物和水占主要成分，为 99%~99.9%，而其余的杂质在废水中的比例很小，占 0.1%~1%。

由于飞机除冰废水极大地影响周围生态环境和人体健康，自 20 世纪 90 年代开始，美国和许多欧洲国家相继开展了对机场除冰液废水的处理研究。目前，飞机除冰废水处理技术主要包括：收集、储运和回收提纯三个步骤。在飞机除冰 / 防冰操作过程中，首先需对产生的飞机除冰液废水进行收集，可以防止或减少飞机除冰废水的排放。目前，除冰废水收集方法有集中除冰坪收集系统、停机坪和登机门区域除冰液收集系统、雨水管道挡板收集系统和醇真空回收车的收集方法等。大多数机场均采用除冰坪进行集中除冰后收集废水，对于散落的除冰废水采用醇回收车的方式进行收集，最后将收集的除冰废水储存在地表或地下储存罐待进一步处理。机场除冰废水大多用现场生物处理，主要有两种处理方式：好氧处理和厌氧处理。

我国机场除冰废水主要通过机场雨水排放系统流入到机场附近的河流、沟渠中，部分废水直接渗入周围土壤。近年来，随着我国环保意识的不断增强，部分单位逐步开始对除冰废水的处理进行探讨和研究。北京大兴国际机场借鉴希斯罗、苏黎世等著名国际机场的除冰液处理处置方法，创新地利用海绵系统设计实现除冰液的经济高效收集及储存，为除冰液现场回收提供基础条件，从而利于降低运输费用和废水处理费用，而且处理后的废水能够直接排放到地表水体，符合环保要求，使机场运营更加符合国际标准与国际潮流。

除冰设施区主要建设停放飞机除冰设备及车辆的场地，以及相关的除冰液回收设施。考虑除冰后的飞机需要尽快到达跑道以免飞机再次结冰。北京大兴国际机场规划有两处除冰坪，分别位于西一跑道南端和北跑道西侧。根据现有模式，飞机除冰完毕后除冰液需回收处理，主要依托原位绿色处理系统实现，目前除冰液收集处理的设施主要有两种方式：独立收集池和局部加大断面的排水沟。

6.4.2 独立收集池

除冰液属于高浓度有机废水,不可进入污水处理厂进行处理。除冰作业应在除冰坪上进行,除冰坪排水沟末端设置独立收集池，除冰作业时，将独立收集池的排放阀门关闭，将除冰液有效收集，然后委托专业机构进行回收处理。独立收集池设置在除冰坪排水沟下游处，且邻近除冰坪，其工作原理如图 6-33 所示。当飞机需要除冰时，通过阀门开关控制流向，打开收池一侧的阀门，关闭另一侧飞行区排水沟的阀门，使除冰液通过设置在除冰坪边上的排水沟汇入回收池，再由专门的回收车抽走除冰液。雨季时，关闭回收池一侧阀门，除冰坪上的雨水通过排水沟直接汇入整个飞行区排水系统。

6.4.3 局部加大断面的排水沟

用局部加大断面的排水沟来收集除冰液，是把除冰坪排水沟下游邻近除冰坪位置处的排水沟局部加宽加深，其工作原理如图 6-34 所示。根据计算需要回收的除冰液的体积来确定排水沟需要加宽加深的尺寸，飞机除冰时除冰液汇集到回收池，即排水沟加宽加深的部分，由于回收池池底标高低于下游排水沟沟底标高，除冰液沉积在回收池，以便回收车拉走处理。雨季时，排水沟中雨水通过回收池，低于下游沟底标高的雨水滞蓄在回收池里，其余的排入下游排水沟。这种方式除了在冬季回收除冰液，雨季时亦可作为雨水调节池。

6.4.4 除冰液原位绿色处理系统水量计算

在计算原位绿色处理系统水量时，E、F 类飞机每架需平均喷洒除冰液加防冰液 4000L，C 类飞机每架需平均喷洒除冰液加防冰液 2000L，C 类飞机每架除冰时间按照 10min 考虑，E、F 类飞机每架除冰时间按照 20min 考虑；西一跑道南端除冰坪机位 5C2E1F，高峰小时可

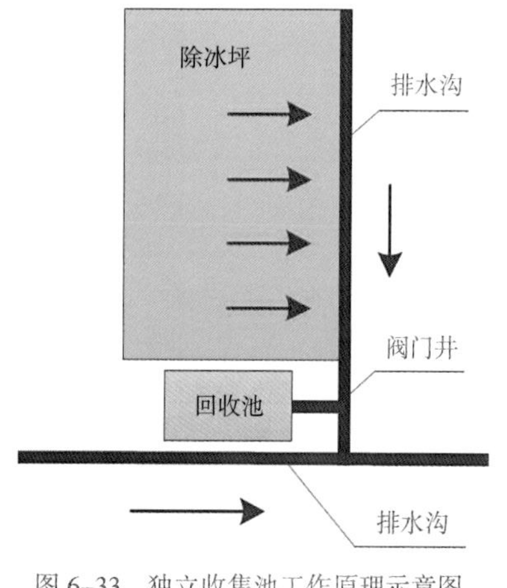

图 6-33 独立收集池工作原理示意图

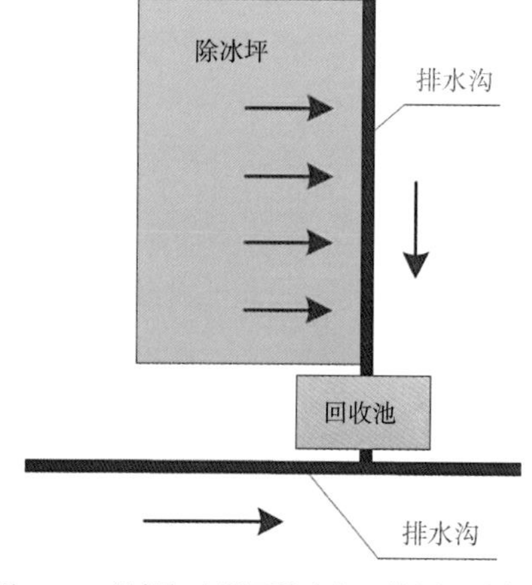

图 6-34 局部加大断面排水沟工作原理示意图

供39架飞机除冰（30C6E3F），北跑道西侧除冰坪机位4C3E，高峰小时可供33架飞机除冰（24C9E）。除冰运输车来回时间按5h考虑，则西一跑道南端除冰坪5h的除冰液容量为：480m^3，北跑道西侧除冰坪5h的除冰液容量为：420m^3；积雪深度按0.15m考虑，雪化为水的体积比按1/12考虑，西一跑道南端除冰坪雪水容量为95500×0.15/12=1194m^3，北跑道西侧除冰坪雪水容量为89160×0.15/12=1115m^3。除冰液与雪水两者合计，西一跑道南端除冰坪总容量为1674m^3，北跑道西侧除冰坪总容量为1535m^3。经计算，西一跑道南端与北跑道西侧除冰坪各需要20m×20m×5m尺寸的除冰液收集池。除冰液收集池计算见表6–1。

除冰液收集池计算表　表6–1

编号	位置	所需容积			回收池尺寸 长×宽×深（m）
		除冰液（m^3）	雪水（m^3）	合计（m^3）	
1	西一跑道	480	1194	1674	20×20×5
2	北跑道	420	1115	1535	20×20×5

第 7 章

机场“海绵管控”——智慧中枢

雨洪模型模拟与内涝风险评估

智慧雨水管理系统

第 7 章　机场“海绵管控”——智慧中枢

7.1　雨洪模型模拟与内涝风险评估

7.1.1　雨洪模型简介

随着互联网的发展和各行业发展需求的变化，针对各领域的一体化、高效化、资源节约化发展被提上日程，越来越多的领域被以计算机和自动化为核心的大数据运算模式加以科学和高效的管理，为适应高效科学的管理方式，各领域的智慧控制系统层出不穷。智慧控制系统一般包括自动控制和人工智能两个模块，主要通过已有的现实世界数据，结合依据相应数据模拟出来的具体数字模型，根据不同的现实条件，开发出各种各样科学合理的控制系统。例如，农业领域的水肥一体化管理系统（图 7–1）、智能电气管理系统、智慧物流管理系统（图 7–2）及方兴未艾的智慧野生动物监测系统等。随着各领域智慧管理系统的出现，城市整体的发展由于其庞大的体量，其所需管理要求和管理水平也在不断提升，为应对城市发展过

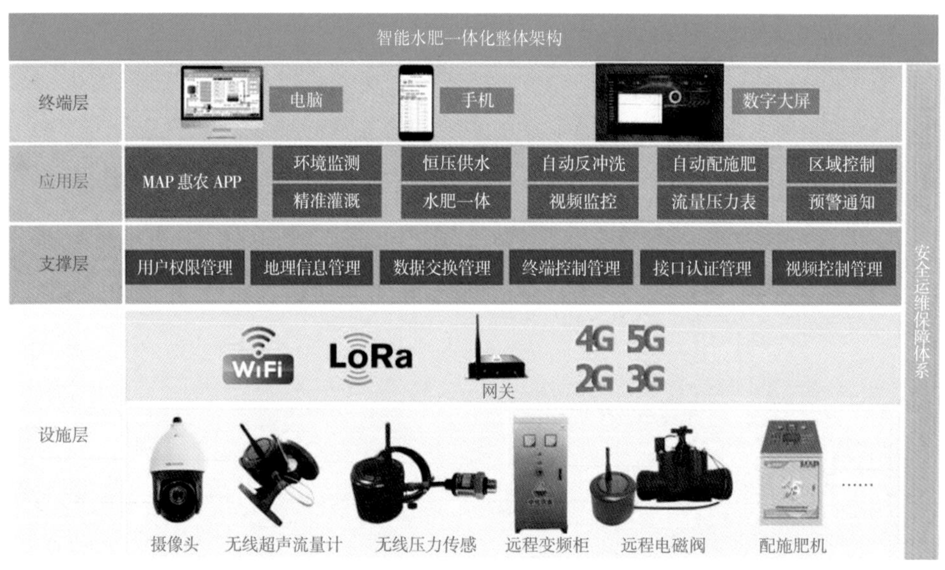

图 7–1　农业水肥一体化智慧管理系统

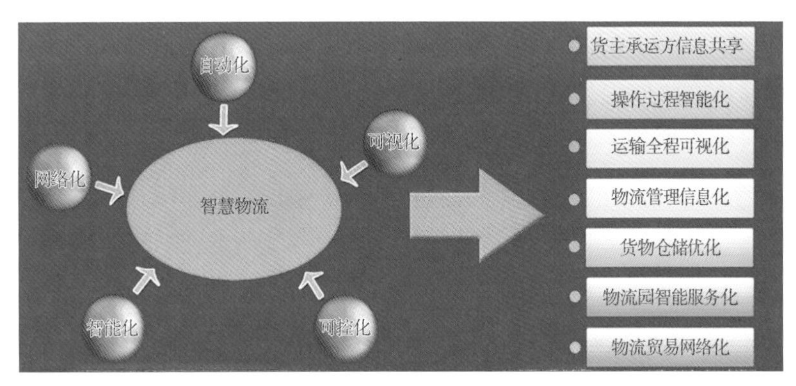

图 7-2　智慧物流管理模式示例

程中由于下垫面变化引起的传统水文模型不再适用的问题，雨洪智慧管理系统应运而生。由于城市发展变化的特点，雨洪智慧管理系统如何准确根据不同的降水情况采取不同的应对措施，成为亟待解决的重要问题。

现代化城市建设过程中，硬化路面面积增大，城市的下垫面发生改变，这让城市所在地地质结构和岩层条件产生变化，这一系列变化使城市水文循环与常规水文循环（图 7-3）之间存在较大差别。由于岩层和下垫面的变化，地表水与地下水之间交换受阻，这就造成之前模拟常规环境条件得到的水文模型已不能再适用于城市雨洪系统的预测中。随着城市体量快速增长，传统城市发展过程中缺乏雨洪模型的构建，部分城市甚至出现到城市来“看海”的尴尬局面。例如，2012 年夏天，由短时强降水出现产生的城市内涝，造成北京部分地区被淹，如图 7-4 所示。为适应近年来城市系统水文循环的新特点，需要合理科学地调整城市雨洪处理系统模型，建立科学的城市雨洪管理系统。20 世纪 70 年代起，世界多个国家和地区开始注意这一问题，部分政府机构开展城市雨洪模型研发，城市雨洪模型获得了迅速的发展，目前已开发出多种城市雨洪模型，并统筹考虑了适应海绵城市发展的水文循环系统（图 7-5）。而国内城市雨洪模型的研究起步较晚，直到 20 世纪 90 年代以后，国内学者才陆续开始进行城市雨洪模型研究。1990 年，岑国平提出我国首个完整的城市雨水径流计算模型——城市雨水管道设计模型 SSCM。

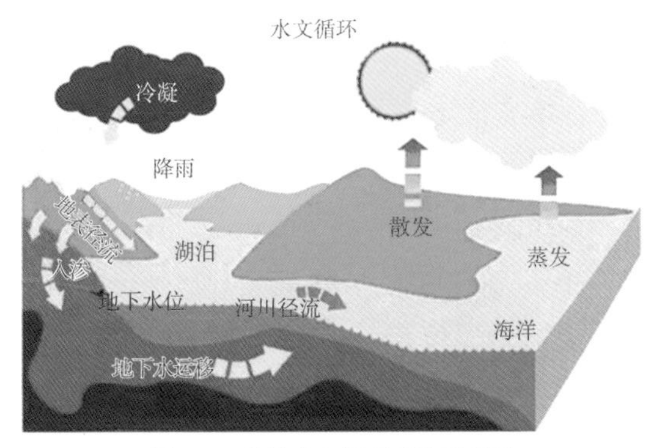

图 7-3　传统水文循环系统示意图

图 7-4　城市内涝现场示意图

“海绵城市”建设作为我国现代城市水管理的重大战略，必须以城市水文学理论为依据，深入研究城市水循环机理和规律，构建识别度高、还原性好、可靠性强的机制模型，为海绵城市规划建设提供数据支持，以便更准确地建设海绵城市。

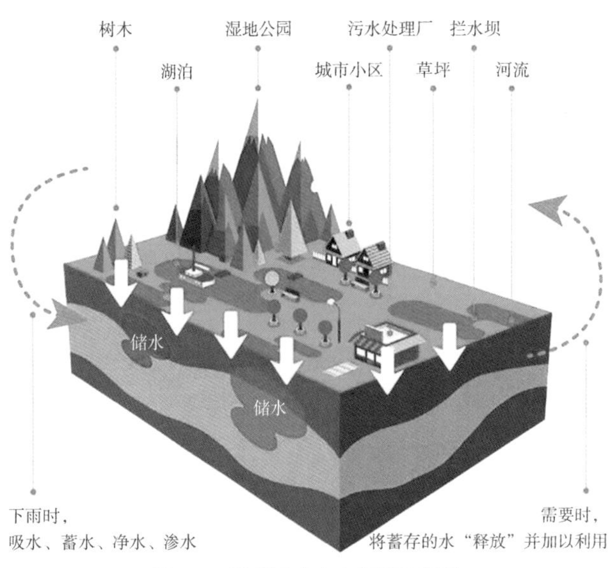

图 7-5 海绵城市水文循环示意图

城市雨洪模型一般可分为经验性模型、概念性模型和物理性模型三类。经验性模型又称“黑箱”模型，其原理往往根据以往的经验和多次实验得出的规律进行推导，从而获得实验模型。它基于对输入输出序列的经验来建模，因而缺乏对水文过程的分析，存在物理机理不足的缺陷。概念性模型是基于水量平衡原理构建的，具有一定的物理意义，目前已在城市排水设计、防洪规划等方面得到了广泛应用。物理性模型以水动力学为理论依据，具有较强的物理基础。物理性模型资料要求高，求解复杂，但由于该类模型能直接考虑各个水文要素的相互作用及其时空变异规律，在三类模型中模拟精度最高，因此在城市雨洪模拟中具有更广阔的应用前景。国内外主要的城市雨洪模型汇总见表 7-1。

国内外主要城市雨洪模型 表 7-1

模型名称	开发时间	开发者	主要计算方法			主要特点	应用情况
			产流计算	地表汇流计算	管网汇流计算		
TRRL	1962	英国公路研究所	降雨损失法	时间—面积曲线法和线性水库	线性运动波	可模拟单次或连续的降水径流过程	该模型估算的洪峰流量和径流量偏低
ILLUDAS	1974	伊利诺伊州	降雨损失法	时间—面积曲线	线性运动波	是 TRRL 的改进版，增加了渗水区的径流计算	可以用该模型和 GIS 来获取城市区域快速准确的降雨径流分析
UCURM	1973	辛辛那提大学	Horton 下渗公式	水文学方法	水文学方法	将下垫面划分为透水下垫面和不透水下垫面两个部分，包括入渗、洼蓄、地表径流、边沟流及管道汇流 5 个子模块	将排水管道汇流演算的过程线滞时叠加称为时间漂移法
SWMM	1971	美国环境保护署	下渗曲线法和 SCS 方法	非线性水库	恒定流、运动波和动力波	目前应用最广泛的城市暴雨径流模型，可分别用于场次径流及长期模拟	众多学者用其进行雨洪模拟，效果较好
STORM	1974	美国陆军工程团	SCS 方法，降水损失法	单位线法	水文学方法	适用于合流制排水系统，且能够模拟溢流情况	可用于 LID 设施的水量、水质模拟等方面的研究

续表

模型名称	开发时间	开发者	主要计算方法			主要特点	应用情况
			产流计算	地表汇流计算	管网汇流计算		
Wallingford	1978	英国HR Wallingford公司	修正的推理公式	非线性水库	马斯京根法及隐式差分	可用于排水系统设计规划与实时运行管理模拟	广泛应用于城市管网水量及水质模拟
MIKE Urban（MOUSE）	1984	丹麦水力学研究所	降水入渗法	运动波，单位线，线性水库	运动波，扩散波，动力波	可进行雨水径流计算、实时控制和在线分析	用于武汉市3个雨水系统模拟
Info Works CS	1997	英国HR Wallingford公司	固定比例产流模型，Wallingford固定产流模型，SCS曲线等	双线性水库，大型贡献汇流模型，SWMM非线性水库等	圣维南方程	Wallingford的改进版本，分布式模型，可用于排水系统评估与规划和城市洪涝灾害评估	在我国LID设施评估中应用广泛
SSCM	1990	岑国平	限值法，Horton下渗曲线法	变动面积—时间曲线法	扩散波法，时间漂移法	提出变动面积—时间曲线法，可用于雨水管道设计校核与次洪模拟	使用北京百万庄小区的实测降雨径流资料对模型做了检验
CSYJM	1997	周玉文和赵洪宾	降雨损失法	瞬时单位线	运动波	可用于设计、模拟和排水管网工况分析	应用于北京百万庄小区降雨径流模拟，认为该模型有较高的精度
雨洪数学模型	1997	刘俊	降雨损失法	动力波近似法	运动波	将具有复杂下垫面的城市地区离散成多个子流域，根据各子流域特性进行逐个模拟	模型应用于天津试验区，效果良好
平原城市雨洪模型	1998	徐向阳	降雨损失法和Horton下渗	非线性水库法	运动波	该模型适用于我国平原城市的水文计算，注重河网调蓄计算	对北京市太平湖排水小区雨洪过程进行模拟
UFDSM	2000	中国水利水电科学研究院	概念性降雨径流关系	水动力学方法	二维非恒定流方程	提出"明窄缝"概念，采用无结构不规则网格概化地表，可与降水监测预报系统结合	谢以扬、邱绍伟等针对特定研究区域对模型进行了改进
分布式城市雨洪模型	2016	刘佳明	地表截流水库的蓄水量连续方程	非线性水库、地表二维水动力学	一维圣维南方程	该模型基于遥感数据和地理信息系统，可支持地理信息系统	应用于武汉市汉阳十里铺汇水区
基于HIMS的城市雨洪模型	2016	刘昌明等	降水—入渗公式	运动波	运动波	HIMS系统具有广泛的适用性，可在其基础上定制模型和二次开发，该模型可用于LID模式海绵城市规划	对常德市LID开发设施进行设计和优化

根据不同地区的不同状况，主要有五种适于进行较精确模拟的模型，并实现了模型的软件化。目前围绕相关模型形成的较为常用的模型软件包括InfoWorks、MIKE、SWMM、SUSTAIN和SewerGEMS。

1. InfoWorks模型

InfoWorks模型是应用在河流+城镇尺度上较为典型的雨洪模型，其集成了城市地上和地下雨水系统，从整体上实现对整个城市雨水系统、污水系统和流域系统的动态模拟。其特点在于对城市地上及地下排水管网实现科学模拟运算，进而优化管网分布，构建流程如图7-6

所示，现有国外典型的案例为拉脱维亚利耶帕亚市的城市水务体系模拟，如图 7-7 所示，主要解决了其现有部分组合式污水处理系统在恶劣的结构条件下水力超载导致洪水内涝和污染问题。主要的成功案例包括我国上海市杨浦滨江区排水管网系统升级改造、蚌埠市沫河口工业园排水管网优化与改造等。

2. MIKE 模型

MIKE 模型是应用在流域 + 河流 + 城镇尺度上较为典型的雨洪模型，主要用于一维或二维的流域、河流、河口、海岸和管网的水文、水质、水力模拟。MIKE 模型包含水动力学、降雨径流和水质分析等模块，不仅配置了所有针对雨洪模型、排水管网和供水管网所需的分析工具，而且集成了 GIS 模块，与数据采集和监视控制系统（SCADA）、实时控制系统（RTC）及决策支持系统（DSS）能达到较好的连接，整体计算模式如图 7-8 所示。同时，在进行 MOUSE 和 SWMM 双引擎模拟计算的基础上，具备分析 LID/BMPs 的能力。MIKE 模型的子模型主要有 MIKE 11、MIKE 21 和 MIKE URBAN 等，模型的模块核心在于能够实现对城市整体雨水管网和排水管网进行综合分析模拟，实现对整体的模拟，著名的应用包括孟加拉国达卡市的排

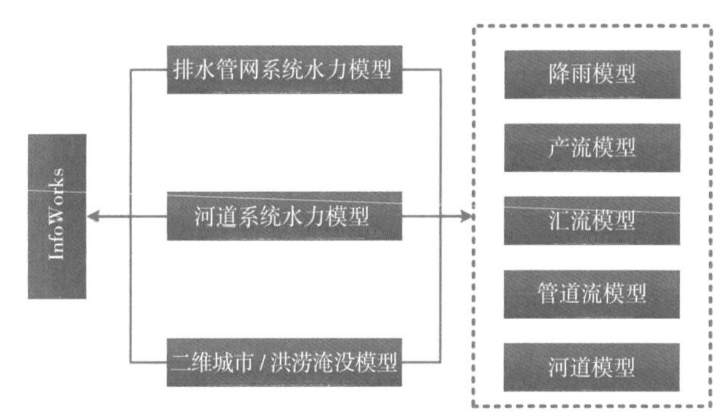

图 7-6 InfoWorks 模型构建流程

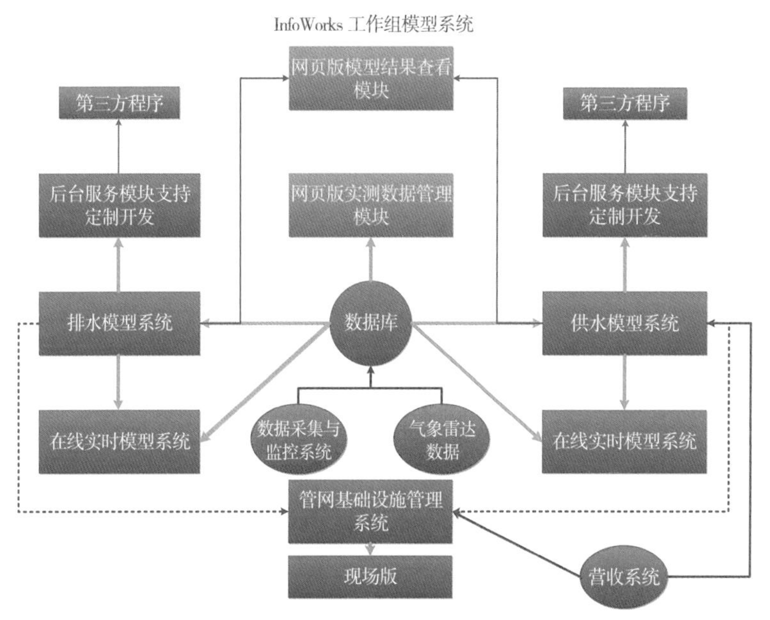

图 7-7 基于 InfoWorks 模型的智慧水务系统框架图

水系统优化升级、我国辽河上游福德店至通江口段的水质变化情况模拟等。作为应用于中国西北地区海绵城市的典型案例，MIKE 模型通过城市内涝和非点源的 MIKE FLOOD 模型建立，最终实现了对 19.2mm 降雨事件的 LID 模式有效管控，SS 负荷降低率达到 60%，降雨径流全部吸收，无排水和浸水现象，对城市暴雨径流的水质和水量起到了较好的控制效果。其具体模拟效果如图 7-9 所示。

3. SWMM 模型

SWMM 模型是应用在流域 + 城镇上较为典型的雨洪模型，也是目前世界上研究最深入、应用最成熟的城市降雨—径流—水质模型。SWMM 模型包含了径流模块、输送模块、扩展输送模块、调蓄 / 处理四个核心模块，目前主要应用于城市防洪排涝的规划和优化。SWMM 核

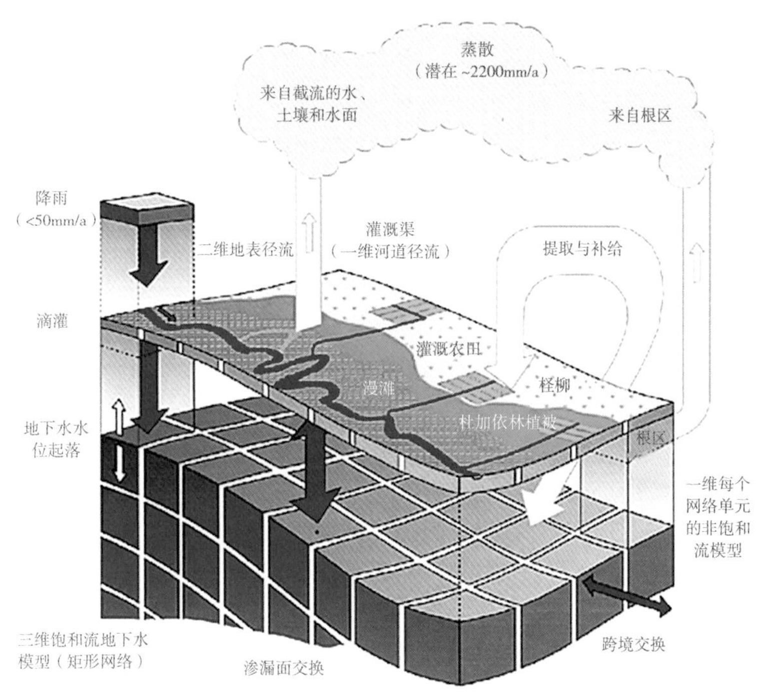

图 7-8 MIKE 模型计算模式示意图

图 7-9 西北地区某城市 MIKE 模型模拟管道效果图

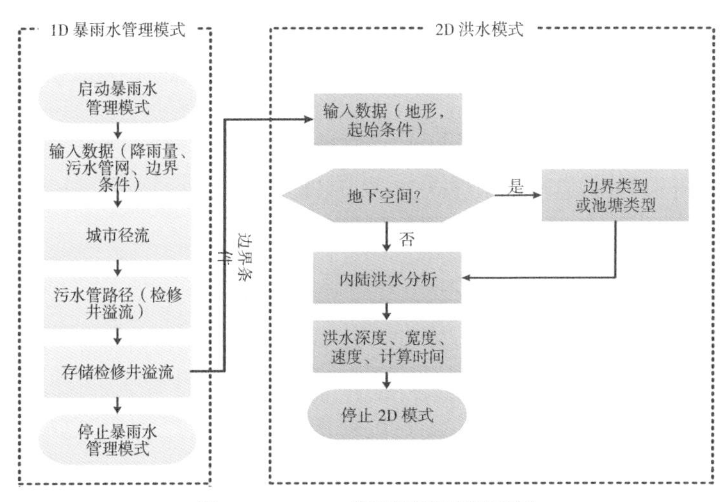

图 7-10　SWMM 模型模拟运算流程图

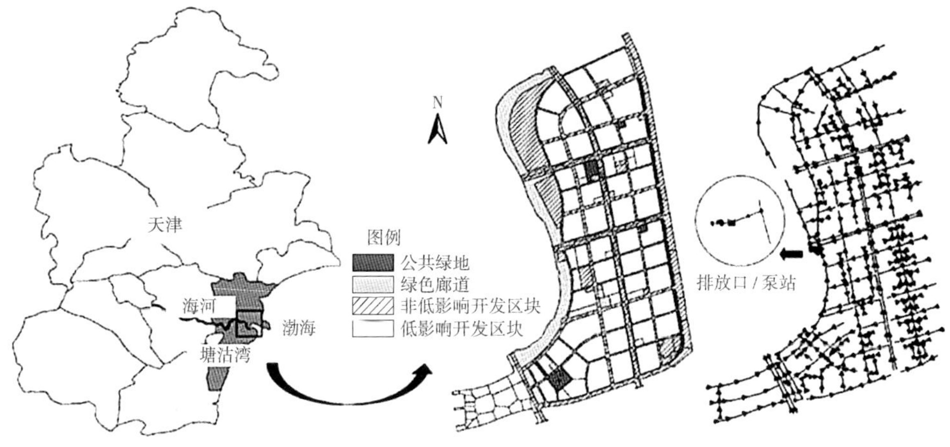

图 7-11　天津市管线优化规划效果图

心在于能够实现流域与城镇之间的雨洪情况模拟，运算流程如图 7-10 所示。SWMM 的典型案例包括美国纽约和意大利锡拉库萨的汇水区域离散化模拟等。其应用于我国天津市整体规划的应用，实现了结果总径流量控制率超过 75%，峰值流量减少效率 22% ~ 46%，并且污染物去除率达到 32%，实现了对天津市城市内涝问题的有效控制，优化效果如图 7-11 所示。

4. SUSTAIN 模型

SUSTAIN 模型是应用在流域 + 单元上较为典型的雨洪模型是目前国内 LID/BMPs 技术应用最多的模型，主要用于 LID/BMPs 水文水质设施的布局和优化，其核心在于能够实现对区域以及单元的雨洪模拟（图 7-12）。典型应用案例包括美国堪萨斯州一处面积约为 40.5km^2 区域的雨洪过程模拟等。具体利用过程中实现对水敏性城市的模拟，将水敏性城市地表生态成功进行改良，如图 7-13 所示。

5. SewerGEMS 模型

SewerGEMS 模型是应用在城镇尺度上较为典型的雨洪模型，主要用于污水或雨污排放混合系统的模拟，尤其对雨污合流系统具有很强的管道错接和溢流模拟能力，具体应用方向包括分配和估算雨污水负荷以及分析水力和雨污混合系统溢流等。同时具备设计和优化 LID 设施、模拟水质变化的能力。其核心在于能够实现单纯城镇上的雨洪模型模拟，模型建模界面如图 7-14 所示。典型案例包括对孟加拉国西部多个不同地区的排水系统进行了水力建模等。我国的典型应用为临沧科技创新园区（LCTIP）的建设规划，总体降低了园区内对于水处理的经济成本，其建设效果如图 7-15 所示。

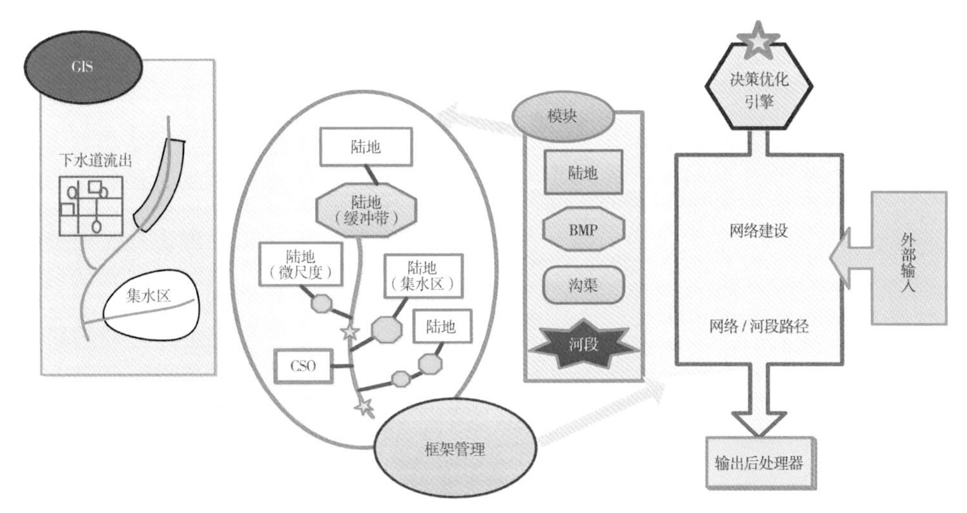

图 7-12　SUSTAIN 模型主要组件及模拟流程

图 7-13　基于 SUSTAIN 模型的水敏性城市改良效果图

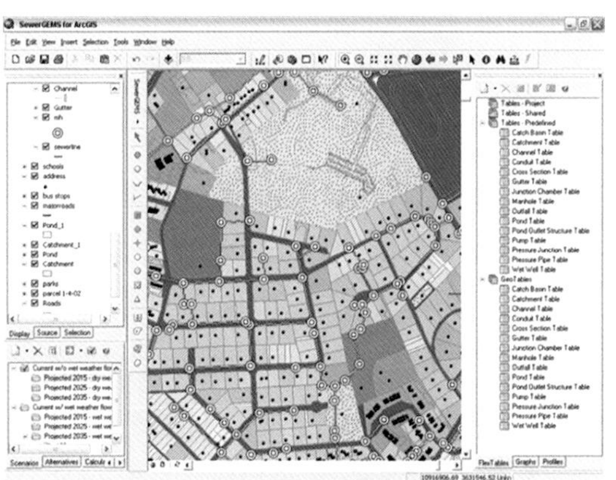

图 7-14　SewerGEMS 模型建模界面示意图

图 7-15　临沧科技创新园区优化设计效果图

7.1.2 雨洪模型构建流程

北京大兴国际机场处于京津冀大三角的中心地带，立足于京津冀区域一体化融合发展，服务北京建设“世界城市”的目标，遵循机场定位及发展战略需求，满足北京地区航空运输业持续发展的需要，定位为资源节约、环境友好、以人为本的“绿色机场”。作为“绿色机场”的重要组成部分之一，“海绵机场”的设计践行了国家“海绵城市”建设理念，为将北京大兴国际机场建设成为先进的国际航空枢纽提供重要保障，起到发挥绿色生态重大基础设施的先导示范作用。但海绵理念在我国实际机场建设中存在诸多困难，主要原因之一是缺乏有效适应机场特点的 LID 设计和评估工具，较难把自然因素、地域条件、人类行为等复杂关系转换成程序化的系统或工具，而有效的雨洪模拟手段可为海绵理念的规划和建设提供更具可操作性的设计指导，从而大大提高海绵机场建设的科学性和可靠性。雨洪模拟的准确性依赖于构建能反映目标实现真实情况及变化规律的雨洪模型，故雨洪模型的构建方法选择成为影响雨洪模拟效果的关键流程。

1. 建模总纲

北京大兴国际机场模型构建过程，针对雨洪可能出现的情况，基于施工图管网数据、河道数据、景观湖数据以及地形数据，建立内涝模型，对北京大兴国际机场排水方案进行数值模拟，通过建立数值模型验证北京大兴国际机场排水管网设计施工方案的可靠性。将机场规划的排水管网、已经规划的地面景观、天然地形地貌结合起来，建立数学模型，模拟机场整体排水管网的排水能力，进而合理优化排水管网布局。经过模拟，在技术层面将地面降雨径流的情况、排水管网和河道的水力状况、地面地势三者耦合起来成为整体，进行防洪排涝模拟，对北京大兴国际机场雨水蓄排系统进行验证及评估。

2. 建模方法和技术路线

北京大兴国际机场利用成熟可靠的 MIKE 系列软件，建立排水管网水文、水动力学模型，一维河道模型，二维地面漫流规划模型。通过多次尝试，利用建立好的模型对项目区域的排水状况进行分析，并对规划排水管网的排水能力及内涝风险进行评估。根据不同的设计雨强和雨型，模拟城市在不同的降雨量和降雨类型下产生的不同内涝、积水情况，为决策者提供科学依据。技术路线如图 7-16 所示。

3. 资料的收集与修正

建立模型所需收集的资料主要来源于北京大兴国际机场工作区、飞行区、航站区施工图的 CAD 数据，包括：①检查井数据（检查井的井底高程和地面高程），即以建筑物底部垫面为基准，检查井管内径最低点和地面与下垫面高程差；检查井与管道的拓扑关系，即各个检查井与管道间的几何连接关系。②管道形状（包括圆管、方涵）、尺寸（直径以及宽和高）、排水方向。③排水口的位置以及井底高程。

北京大兴国际机场整体雨洪模型数字化模拟完毕后，要考虑的因素较多。出于准确性原则，模型建立完成后，除需要将历年来积累的降水记录数据输入系统进行模拟外，还要检查模型

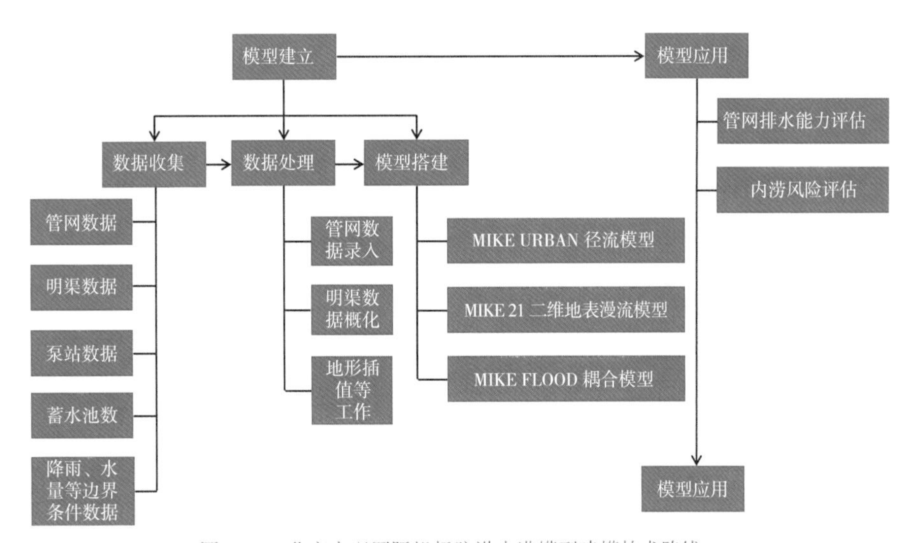

图 7-16 北京大兴国际机场防洪内涝模型建模技术路线

化过程中的准确性，具体包括：管网模型化过程中简化的科学性、管网的排水方向、排水口的位置等影响因素。

（1）管网概化

北京大兴国际机场排水方案数值模拟的研究尺度以道路及周边地块的积水情况为参考标准，因此需要对原始的管网普查数据进行概化，将对模型建立影响较小的管道剔除，保留主干道路的管网，删去雨水箅子以及部分 *DN*300 以下的支管。由于雨水箅子和部分支路管网所收集的雨水最终汇入其附近的干管，管网概化后，这些干管的总汇水区域不变，因此汇入这些干管的流量不变。

（2）理清排水方向

原始数据已经标注了大部分管线的排水方向，但其中有一些管线的排水方向未标注，或者排水方向标注错误。对于这些数据，需要根据管道上下游的连通管线以及工程经验确定准确的排水方向，以便划分汇水分区。

（3）设置排水口

原始数据中，并未标注出所有排水口的位置，所以，需要根据实际情况，结合研究区域内河流走向和接纳排水的实际具体位置，手动地将部分节点属性改成排水口。

（4）数据情况小结

北京大兴国际机场管网模型的基础资料较齐全，可以完成模型搭建。其中，施工图管网普查资料是模型搭建的主要依据。资料内容主要包括了规划管网、规划排水方向等相关资料。在资料搜集中，整体流程对一些数据缺失、排水口方向不明、孤立管道等都进行了梳理，但是由于管网普查数据有一些缺失，也有某些不太合理的误差，因而对部分数据按历史经验进行了统一处理，相关数据因而和实际情况存在一定的偏差，给模型造成一定的误差。

4. 关键因素分析

在具体模型建立过程中，涉及数据量较多，对数据进行系统化梳理十分必要。考虑影响因素，大致可分为附属构筑物数据、河网数据和下垫面地形数据，故从结构上针对三者进行数字化模拟。

（1）附属构筑物数据梳理

北京大兴国际机场模型中附属构筑物有蓄水池、水泵等。共涉及水泵 74 台，蓄水池 14 个。蓄水池尺寸、泵站数量等资料为 CAD 及 Excel 格式。而因泵站调度数据缺失，故在模型中将泵站设为恒流泵。

（2）河网数据梳理

模拟区域内的汇流通道主要包括 A、B、C 三段明渠，因此通过明渠数据可以获得典型断面的数据，格式为 CAD 格式。A、B、C 明渠中均为人工渠道且无复杂构筑物，因此使用 MIKE URBAN 中明渠直接搭建。

（3）下垫面及地形数据梳理

模型搭建确定的下垫面解析范围即建模范围，北京大兴国际机场下垫面解析及 MIKE 21 建模的数据来源于 CAD 格式基础资料，管网面积约为 27km^2。由于城市降雨地表径流主要受降雨强度以及下垫面的影响，根据径流系数分区资料，结合水体、绿地等下垫面类型，将北京大兴国际机场的下垫面划分为 N1、N2、N3、N4、N5、N6、S1（以上七种类型源于径流系数分区资料）、L1（绿地）、X1（蓄水池）、R1（河流）共十大类，如图 7-17 所示。

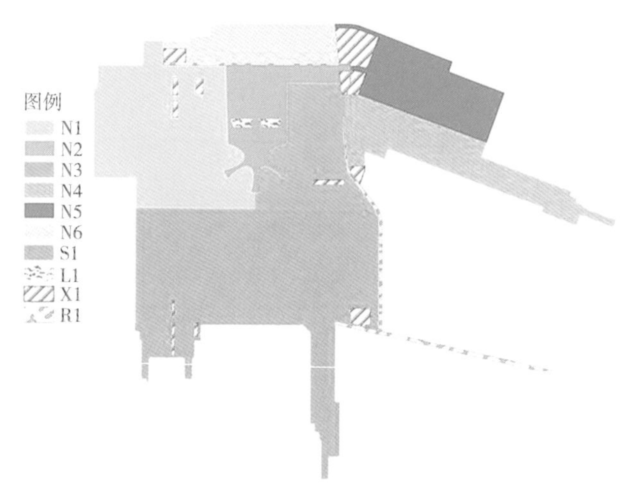

图 7-17　北京大兴国际机场规划下垫面类型分析

下垫面规划分析完成后，针对北京大兴国际机场地形图进行分析建模，最终根据原始资料高程点的疏密程度，确定 DEM 图网格大小应为 5m × 5m。

在具体研究整个模拟区域的尺度上，对于机场影响最大的部分是主干道，积水主要集中在主干道路上。为了使模型能够更加真实地反映实际情况，对于插值之后的地形均进行了场地地块的修正。其次，对于地形中的异常高程点，也进行了一一排查。根据卫星图片和调研图片，判断异常点高程是否正确，将错误的高程点删除，再通过旁边地形插值生成。与此同时，将道路的高程与检查井的地表高程做匹配，从而保障最终的地形图能够真实反映北京大兴国际机场的实际地形。利用 MIKE 21 模型建立北京大兴国际机场的二维地形模型，如图 7-18 所示，地形三维展示如图 7-19 所示。

5. 边界条件数据梳理

（1）河道水位数据

影响机场内雨水外排的主要因素之一是河道。北京大兴国际机场依靠水泵实现强制排水，同时在不出现降水时将地表径流外排。这说明，一方面北京大兴国际机场雨水外排河道不存

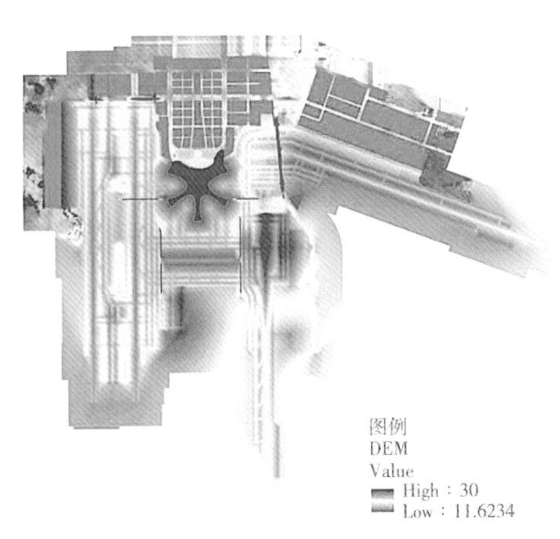

图 7-18 北京大兴国际机场二维地形模型

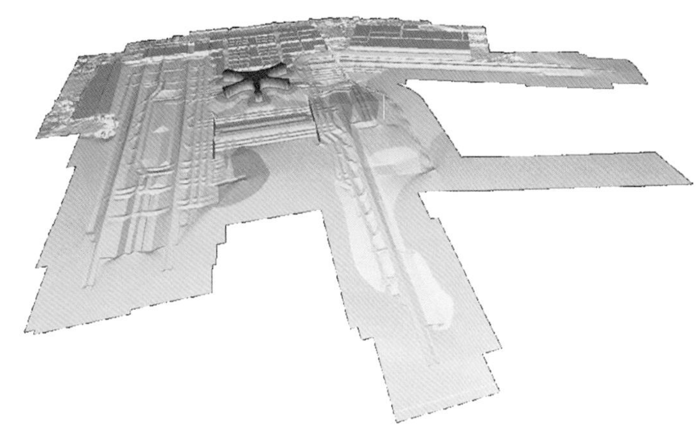

图 7-19 北京大兴国际机场三维地形

在自然水位，另一方面不依靠重力流实现排水目标。

（2）设计暴雨数据

根据《城镇雨水系统规划设计暴雨径流计算标准》DB11/T 969—2016 以北京市水文手册设计暴雨图集的时段降雨过程为基础，采用基于水文手册法的Ⅱ区观察台站站址处不同重现期的雨量分配过程，分别建立 5 年一遇、10 年一遇、50 年一遇和 100 年一遇步长为 5mm 的长历时（24h）设计暴雨，结果如图 7-20 所示。

完成前期影响因素单项分析后，可以进行整体雨洪模型的构建。北京大兴国际机场规划内涝模型包括管网、地形耦合计算分析，模型模拟范围如图 7-21 所示，管网汇水区域面积约 27.5km^2。

6. 建模软件确定

（1）MIKE URBAN 径流模型

北京大兴国际机场设计模型具体采用丹麦 DHI 公司 MIKE（MOUSE）软件进行模拟，利用 MIKE FLOOD 搭建内涝模型，管网计算采用 MIKE URBAN 模块。整体建模所需计算过程用于高度城市化地区，数据需求量小，故主要采用时间—面积模型作为降雨径流模型。在时间—面积模型中，径流系数、初损、沿损控制了径流总量。径流曲线的形状（径流的方式）由集水时间和 *T–A* 曲线控制，同时将整个连续的产汇流过程离散到每个计算时间步长进行计算。恒定径流速率的假设意味着该方法将集水区表面在空间上离散为一系列同心圆，其圆心也就是径流的出水点。据此，则单元（同心圆）的数量为：

$$n=\frac{t_c}{\Delta t}$$

其中，t_c 为集水时间，Δt 为计算时间步长。模型中根据特定的时间—面积曲线计算每个单元面积，所有单元的面积等于给定的不透水面积。MIKE URBAN 中还预定义了三种时间—面积曲线，如图 7-22 所示。当降雨超过定义的初始损失时汇流模型开始计算，汇流开始计算后的每个时间步长中，计算单元的累积水量会进入下游方向。因此，计算单元中实际的水量

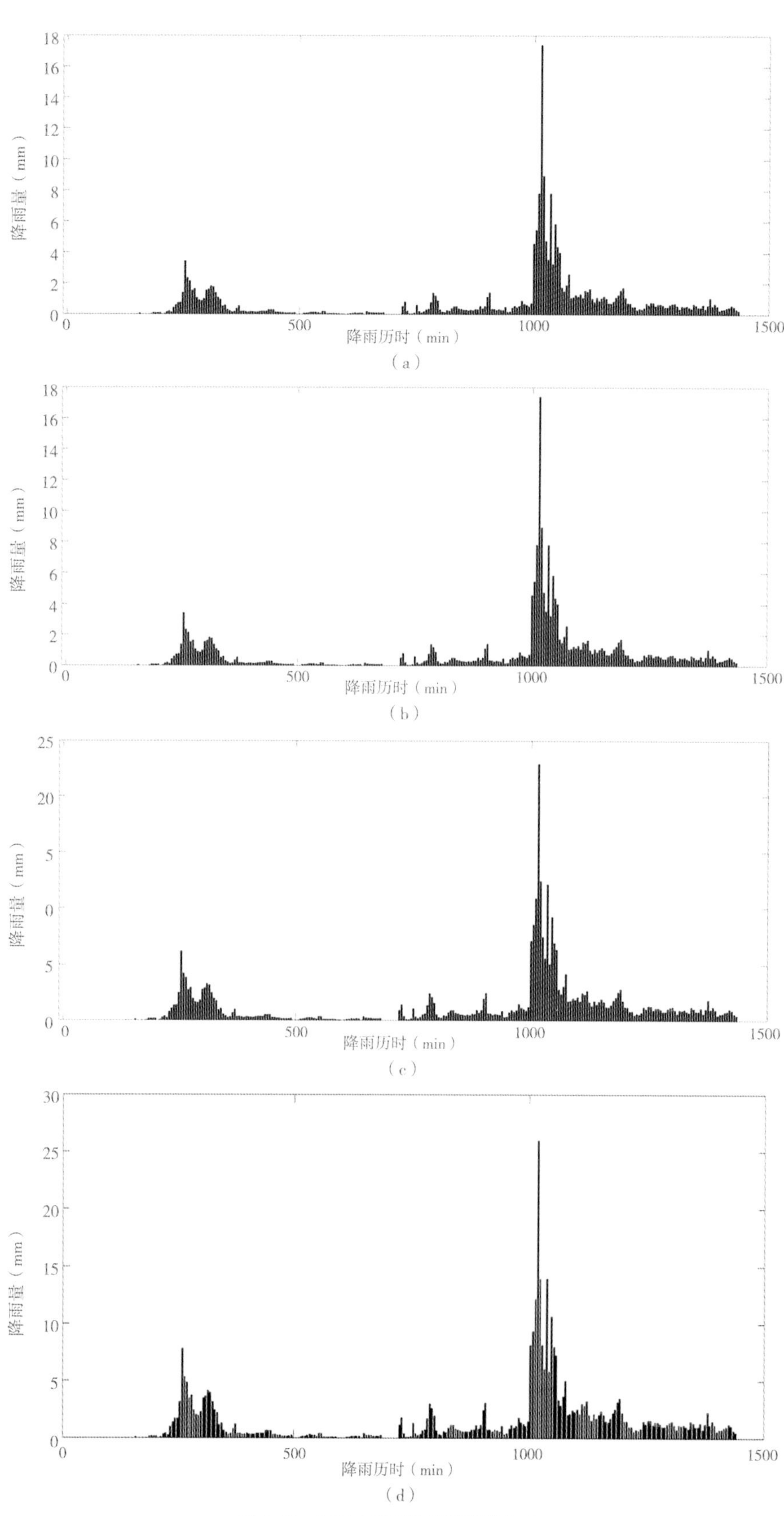

图 7-20　不同内涝风险评估雨型分布

（a）用于内涝风险评估的 5 年一遇长历时（24h）降雨雨型；（b）用于内涝风险评估的 10 年一遇长历时（24h）降雨雨型；（c）用于内涝风险评估的 50 年一遇长历时（24h）降雨雨型；（d）用于内涝风险评估的 100 年一遇长历时（24h）降雨雨型

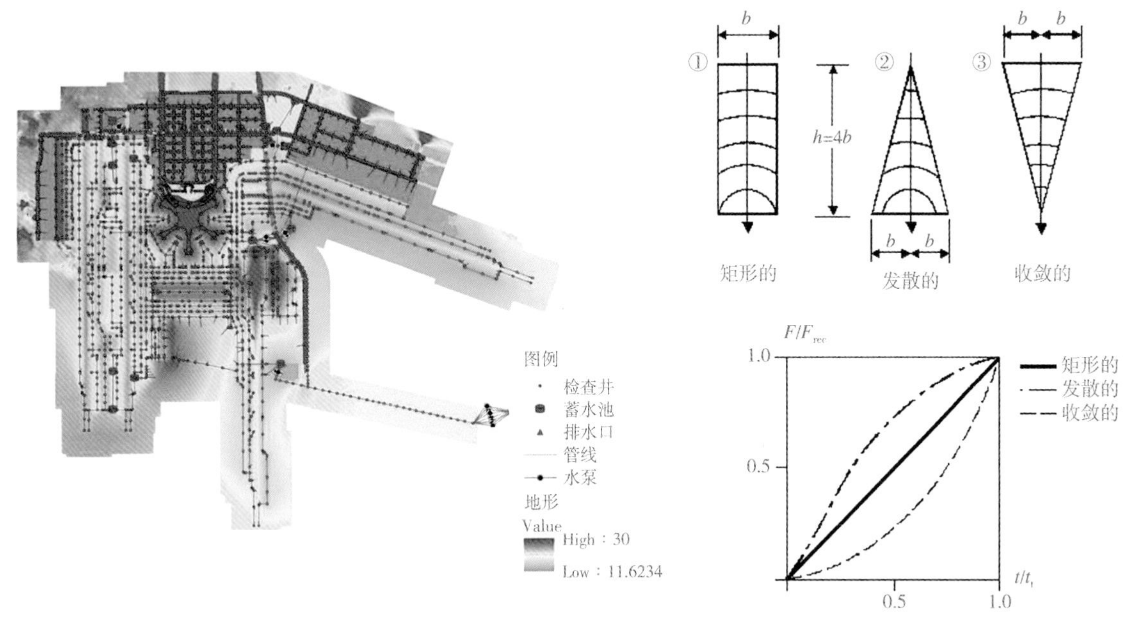

图 7-21 北京大兴国际机场规划内涝模型模拟范围

图 7-22 MIKE URBAN 中预定义的三种 T-A 曲线

根据上游单元的来水量、当前降雨以及流入下游单元的水量计算得到。最下游单元的出流量实际上就是水文学计算的结果。

（2）MIKE URBAN 水动力模型

管网水动力学模型用于计算管网中非恒定流。计算建立在一维自由水面流的圣维南方程组即连续性方程（质量守恒）和动量方程（动量守恒—牛顿第二定律）上：

$$\frac{\partial Q}{\partial x}+\frac{\partial A}{\partial t}=0$$

$$\frac{\partial Q}{\partial t}+\frac{\partial\left(\alpha\dfrac{Q^2}{A}\right)}{\partial x}+gA\frac{\partial y}{\partial x}-gAI_{\mathrm{f}}=gAI_0$$

具体计算采用了 Abbott–Ionescu 六点隐式格式有限差分数值求解，此计算方法可以自动调整时间步长，并为分支或环形管网提供有效而准确的解法，并且该计算方法适用于排污管道的有压流和自由水面的垂向均匀流。临界和超临界流都使用同样的数值解法处理。水流现象如倒灌和溢流可以被精确模拟。完全的非线性水流方程可以根据用户提供的或自动提供的边界条件求解。另外，除了完整的动态描述，模型还提供简化的水流模拟。

（3）MIKE 21 二维地表漫流模型

MIKE 21 是专业的二维自由水面流动模拟系统工程软件包，适用于内陆河道、湖泊、河口、海湾、海岸地区的水力及其城市洪水等相关现象的平面二维仿真模拟。MIKE 21 在模拟城市洪水二维漫流过程中可以真实地模拟出水面在道路、小区、绿地、河道等不同地形状况下的漫流过程。模拟结果以数据、表格、图像、动画等形式输出，内容包括：洪水水量的空间分布、淹没范围、淹没水深、淹没历时。

二维水动力学的基本方程采用浅水方程。

$$\frac{\partial \zeta}{\partial t}+\frac{\partial p}{\partial x}+\frac{\partial q}{\partial y}=\frac{\partial d}{\partial t}$$

$$\frac{\partial p}{\partial t}+\frac{\partial}{\partial x}\left(\frac{p^2}{h}\right)+\frac{\partial}{\partial y}\left(\frac{pq}{h}\right)+gh\frac{\partial \zeta}{\partial x}+\frac{gp\sqrt{p^2+q^2}}{c^2h^2}-\frac{1}{\rho_{\mathrm{w}}}\left[\frac{\partial}{\partial x}(h\tau_{xx})+\frac{\partial}{\partial y}(h\tau_{xy})\right]$$

$$-\Omega_{\mathrm{q}}-fVV_x+\frac{h}{\rho_{\mathrm{w}}}\frac{\partial}{\partial x}(P_{\mathrm{a}})=0$$

$$\frac{\partial q}{\partial t}+\frac{\partial}{\partial y}\left(\frac{q^2}{h}\right)+\frac{\partial}{\partial x}\left(\frac{pq}{h}\right)+gh\frac{\partial \zeta}{\partial y}+\frac{gp\sqrt{p^2+q^2}}{c^2h^2}-\frac{1}{\rho_{\mathrm{w}}}\left[\frac{\partial}{\partial y}\ (h\tau_{yy}+\frac{\partial}{\partial x}(h\tau_{xy})\right]$$

$$-\Omega_{\mathrm{p}}-fVV_y+\frac{h}{\rho_{\mathrm{w}}}\frac{\partial}{\partial y}(P_{\mathrm{a}})=0$$

模型采用的数值方法是矩形交错网格上的 ADI 法，具体离散用半隐式，求解用追赶法，交错网格上各物理量的布置如图 7–23 所示，其中 z、h、u、v 分别处于不同的网格点上。而二维模型模拟城市内涝的理论概化，即主要通过模型模拟从降雨到产汇流再到积水的过程。首先，降雨到地面后发生产汇流；其次，产生的地表径流一部分被管道排除，另外一部分在地面流动；最后，在地面的雨水随地形流动到地面低点而产生积滞水区域。

（4）MIKE FLOOD 耦合模型

MIKE FLOOD 将 MIKE URBAN 或 MIKE 11 和二维模型 MIKE 21 整合，是一个动态耦合的模型系统，模型可以同时模拟排水管网、明渠、排水河道、各种水工构筑物以及二维坡面流，可用于流域洪水、城市洪水等的模拟研究。耦合技术可以有效发挥一维和二维模型各自具备的优势，取长补短，避免在单独使用 MIKE 11、MIKE URBAN（MOUSE）或 MIKE 21 时所遇到的模型分辨率和模型准确率的限制问题。

内涝分析采用的 MIKE FLOOD 耦合的管网模型 MIKE URBAN 和二维地面漫流模型 MIKE 21，不仅能反映管网中水动力学情况，更能直观地表现暴雨期间雨水在地面上的漫流及暴雨结束后的退水情况。采用 MIKE FLOOD URBAN 连接，具体指的是城市雨水管网系统（MIKE URBAN）和二维模型（MIKE 21）动态耦合。耦合后的模型不仅能够模拟复杂的管网系统及开渠，同时可以模拟暴雨时期城市地面道路的积水情况，耦合后的模型反映了地面水和管网水流的互

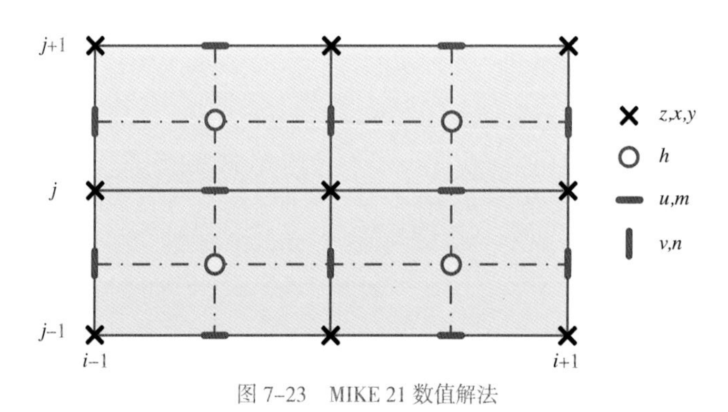

图 7–23　MIKE 21 数值解法

图 7-24　城市管网与二维地表耦合连接

动过程（图 7-24）。

模型中城市管网与二维地表的耦合连接是通过检查井连接来实现的。检查井连接是用来描述城市地面水流和排水道水流通过检查井的相互影响。检查井连接也可以连接排水道出口和地面地形，可以描述排水系统和一个集水区之间的相互作用，其中积水集水区是通过地形来描述的，而不是用面积—水位曲线来描述。检查井连接也可以描述排水系统通过泵、堰向地面泄流的现象，此时泵、堰必须定义为没有下游节点。检查井连接方式，要求 MIKE 21 至少有一个网格和 MOUSE 的检查井、集水区、出口、泵或者堰相连。

7. 模型搭建

（1）MIKE URBAN 模块的建立

北京大兴国际机场的排水管网用雨污分流的排水体制，将雨水排水与城市产生的生活污水分开排放，雨天降雨径流产生的水通过雨水管网系统排入城市内河（渠）及景观水系，因此核心 MIKE URBAN 模块的构建非常重要。

模型搭建过程中，因河道数据缺失，一维河网模型在 MIKE URBAN 中进行概化。北京大兴国际机场的管网模型及一维河网模型搭建的主要搭建步骤为：先将管网、河网数据（检查井高程、管道大小、材质、河网流向等拓扑数据）的数据库及 CAD 数据导入模型数据库，再进行管网、河网数据的处理与核查，然后进行管道拓扑关系建立以及数据高程信息检查，为检查井的直径大小进行赋值，再根据规划排水分区以及雨水管线系统，进行子集水区划分，划分后的子集水区和每个检查井对应，连接集水区与检查井，并设置模型降雨条件以及边界水位条件，最终进行模拟计算。

管网水动力模型的参数设置决定了模型模拟的准确性。在排水管网水文、水力模型参数中主要涉及的参数包括不透水率、初损、沿损、集水时间、*T–A* 曲线控制等，水动力参数包括管道曼宁数、检查井局部水头损失等。针对径流总量相关参数的取值，首先考虑初期损失，即在降雨开始阶段降雨到地面时，由于润湿地面以及低洼截留等而造成的水量损失；其次考虑沿程损失系数，即雨水在汇入排水系统（雨水箅子等）过程中，由于地面低洼截留、蒸发以及非完全不透水性而造成的水量损失；最后考虑不透水率，即对于径流有贡献的不透水面积比。这三个参数影响了进入管网的雨水量，最终可以得到区域的综合径流系数。该项目中初损为 0m，沿程损失系数为 1，不透水率根据不同下垫面计算得到。在北京大兴国际机场管线模型中，检查井的地面标高最高为 32.00m，最低地面标高为 12.64m。所有检查井的地面标高在合理的范围之内，变化比较平缓。出水口的内底标高在模型中根据实际情况按溢流口进行概化。圆形管道直径的最小尺寸为 0.3m，最大为 1.8m，系统中还存在一些方涵及明渠，其涵洞宽度在 0.6~62m 的范围内。建立的一维管网、河网模型共有检查井 3931 个，管线 4293 条、266.3km，水泵 74 台，蓄水池 14 个。子汇水区的划分是 MIKE URBAN 模型建模的主要步骤之一，划分的好坏对结果精度有比较大的影响。子汇水区的划分思路主要为：结合地形、河道和主要街道划出较大的子流域，然后采用泰森多边形方法，根据节点的分布进一步细分，划分子汇水区，最后人工作局部调整。工作区汇水区划分示意图如图 7–25 所示。

集水时间和 *T–A* 曲线共同决定了径流的峰值大小以及峰现时间。*T–A* 曲线即时间—面积曲线，表示整个降雨过程中有效汇水面积的增长率。管网水动力模型的参数设置，决定了模型模拟的准确性。根据以上原则，最终确定模型参数见表 7–2。

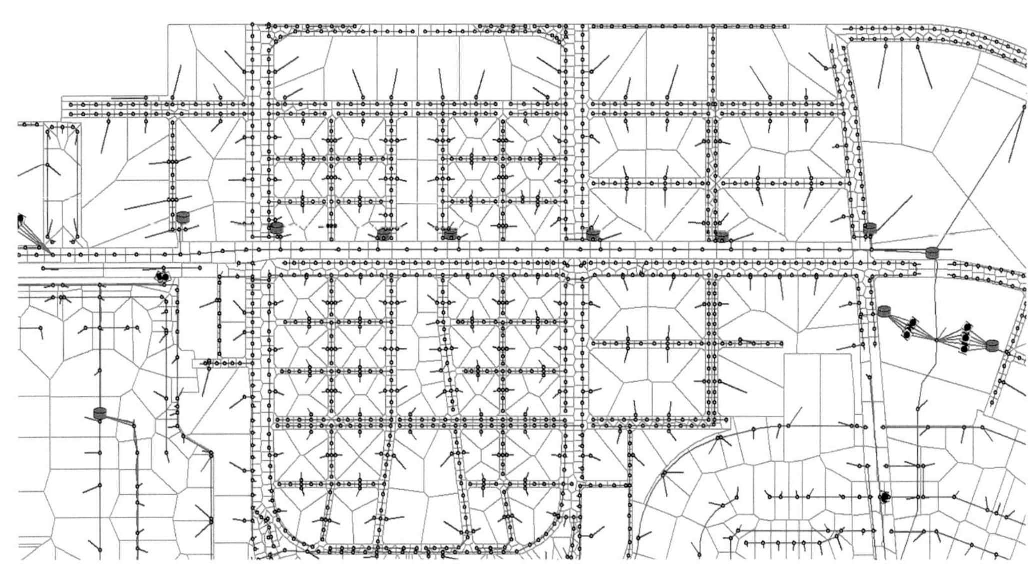

图 7–25　北京大兴国际机场工作区汇水区划分示意图

模型中的参数设置　　表 7–2

名称	参数	备注
模拟时间步长	变步长：1~30s	模型计算会根据稳定性自动在 1~30s 内调节模拟步长
模拟时间段	短历时采用 2h 降雨，长历时采用 24h，其雨峰偏后，为考虑其退水过程模拟时间为 36h	确保足够退水时间
管道曼宁系数	塑料管：80 光滑混凝土：85	默认圆管材料均为塑料管，方涵材料为光滑混凝土
检查井局部水头损失	不考虑局部水头损失	MIKE URBAN 中的计算公式参数
检查井直径	与相连接管道的最大直径一致	确保管道的排水能力
不透水率	根据下垫面及径流系数分区划分	N1：0.70，N2：0.68，N3：0.55，N4：0.70，N5：0.85，N6：0.65，S1：0.68，R1：0，X1：0，L1：0.15

（2）MIKE 21 模块建立

基于实际地形数据制作地形文件，构建 MIKE 21 模块。通过设置曼宁系数、干湿边界条件等水动力参数进行模拟计算，模拟时间为 36h。设置参数时，由于无客水汇入而设定外围为闭边界，干湿边界的判定条件为干水深 0.002m，淹没水深 0.003m，涡黏系数设为 1，曼宁系数设为 32。

（3）MIKE FLOOD 模块的建立

将城市排水管网模型以及二维地表漫流模型耦合模拟计算，建立 MIKE FLOOD 模块。首先基于地形数据设置二维地表漫流模型，再基于管网数据设置管网模型，然后根据管网的排水能力计算每一个检查井的最大入流量，获得管网模型与二维地表漫流模型水量交互的阈值，最后将每一个检查井连接到二维地表漫流模型的计算网格进行耦合模拟计算。每一个检查井都与一个地形网格（精度 5m）耦合在一起的参数见表 7-3。

城市管网与二维地表耦合参数　　表 7-3

耦合方式	M21 To Inlet（二维地表与管网模型会有水力交互）
最大入流量（考虑雨水箅子收集能力）	只连接道路汇水区的检查井：0.015~0.07m^3/s（雨水箅子过流能力：单箅 15L/s，双箅 0.3L/s，四箅 70L/s）
耦合位置	连接地块的检查井：按管道设计能力，认为收水系统能力和排水系统能力相匹配（5 年或 10 年）

7.1.3　管网负荷能力评估

北京大兴国际机场规划排水（雨水）管道能力评估，将模型在不同重现期下进行模拟计算，提取整个历时的模拟结果。以汇水节点（例如检查井等）是否溢流为评判标准，汇水节点水位超出相应位置地面标高即溢流，但溢流不代表冒水程度形成内涝风险。模拟溢流结果如图 7-26~ 图 7-28 所示。

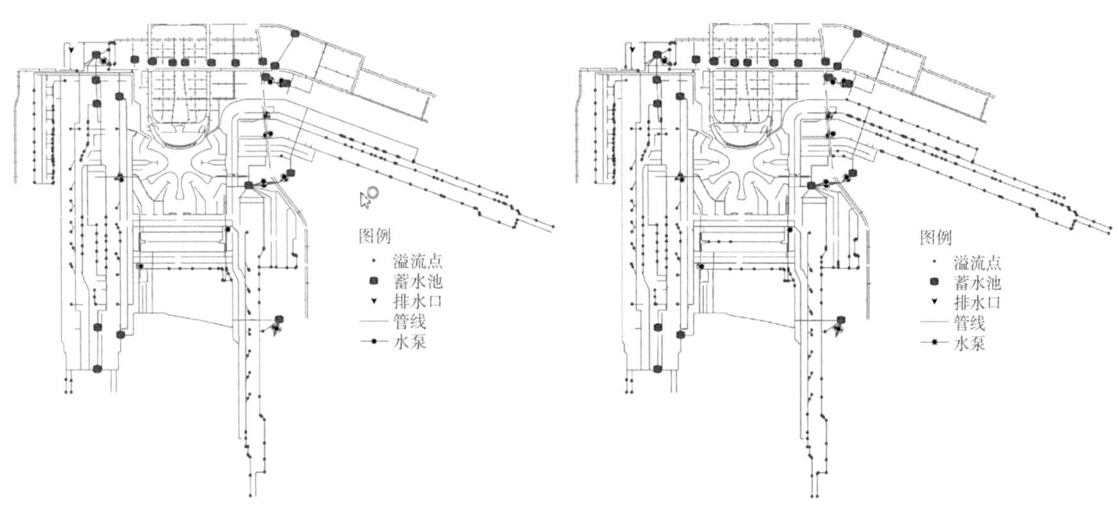

图 7-26　5 年重现期降雨下溢流点位置示意图　　图 7-27　10 年重现期降雨下溢流点位置示意图

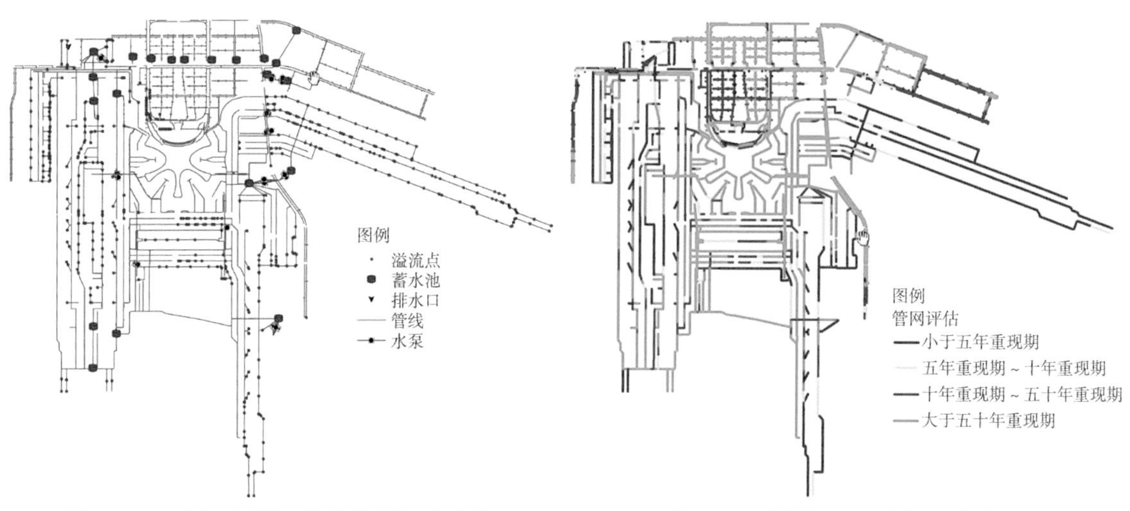

图 7-28　50 年重现期降雨下溢流点位置示意图

图 7-29　管网排水能力评估（承压）

为避免雨水管网中出现逆坡管、卡口等问题，提升管道的整体排水能力，有必要对管网负荷能力进行评估，管网负荷能力评估以管道承压为评判标准，统计不同管道的最大压力值，判断在该压力值下，管道是否承压。若压力值为正，说明管道承压，则不符合设计标准；若压力值为负，说明管道不承压，则符合设计标准。若按管道承压考虑，管渠排水能力评估结果如图 7-29 所示。基于模型的管网排水能力评估统计，见表 7-4。

基于模型（承压）的管网排水能力评估统计表　　表 7-4

排水能力	<5a	≥ 5a，且 <10a	≥ 10a，且 <50a	>50a	合计
管网长度（km）	44.038	17.402	58.213	149.199	268.852
比例（%）	16.38	6.47	20.65	55.49	100

7.1.4　机场内涝风险评估

1. 内涝风险等级划分标准

“内涝”是指因降雨造成城镇地面产生积水灾害的现象，灾害严重程度与积水深度和积水时间以及流速有关。考虑机场区域的地形变化较为平坦，就该区域来说，流速不构成内涝风险的因素。本次主要通过积水深度和积水时间等因素来对研究区城内涝风险进行评估，风险等级的划分根据过往行业整体项目经验，具体定义见表 7-5。

内涝风险等级划分标准　　表 7-5

内涝风险等级	积水深度 h（m）	积水时间 t（h）
低风险区	$0.15 < h \leq 0.25$	> 2
中风险区	$0.25 < h \leq 0.5$	> 2
高风险区	$h > 0.5$	

2. 内涝模型工况

依照上述的风险区划分别对 5 年一遇、10 年一遇、50 年一遇和 100 年一遇设计降雨情况的内涝风险进行评级分析。评估时，考虑区域雨水最终经过明渠通过泵站强排，因此外河水位对泵站影响不大。同时，区域内河道明渠在降雨前提前排空，因此明渠初始为空，故不存在河道水位数据。5 年一遇降雨条件下，管网存在少量溢流情况，管网的溢流点分布，如图 7-30 所示。结合耦合模型的积水结果分析，出现溢流的地方积水深度不大，如图 7-31 所示，没有达到积涝风险的评定标准，故 5 年一遇降雨条件下，研究区域没有积水风险。

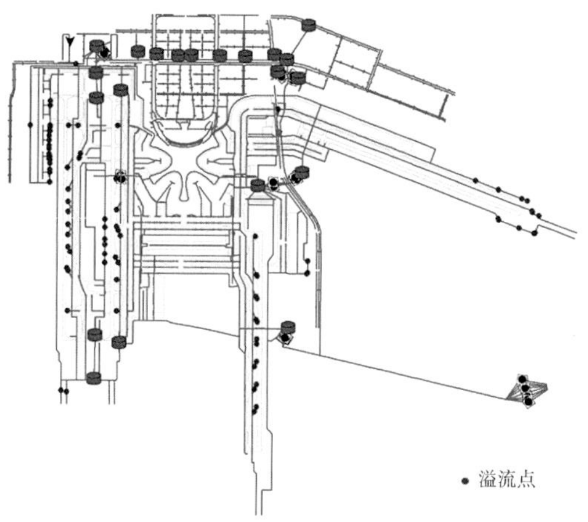

图 7-30 5 年一遇降雨条件下耦合模型管网溢流点分布

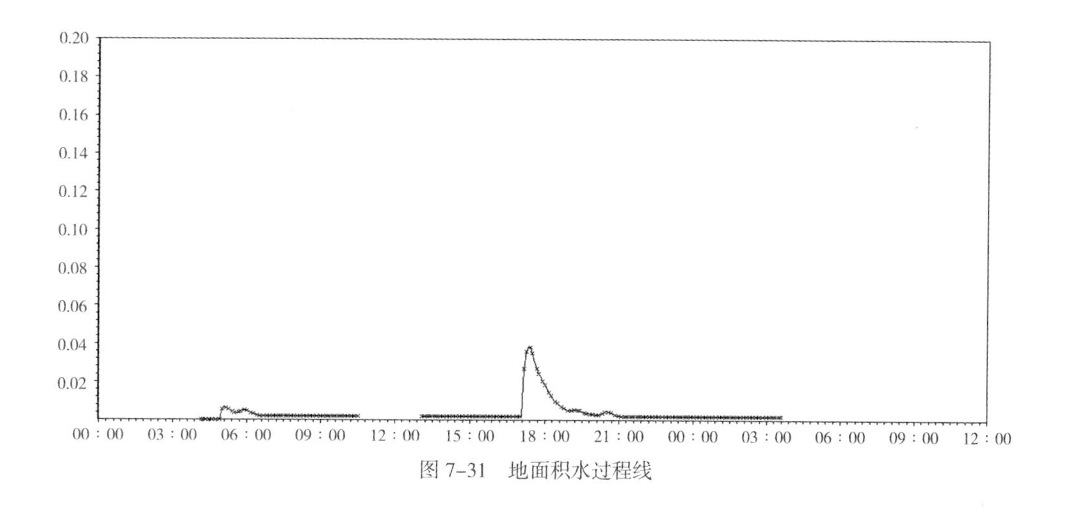

图 7-31 地面积水过程线

10 年一遇、50 年一遇和 100 年一遇设计降雨下的积水情况结果如图 7-32 所示。

图 7-32（a）~ 图 7-32（c）分别显示了在 10 年一遇、50 年一遇以及 100 年一遇的设计降雨工况下，内涝风险评估图。在以上降雨工况下，不同级别内涝风险区域的百分比见表 7-6。

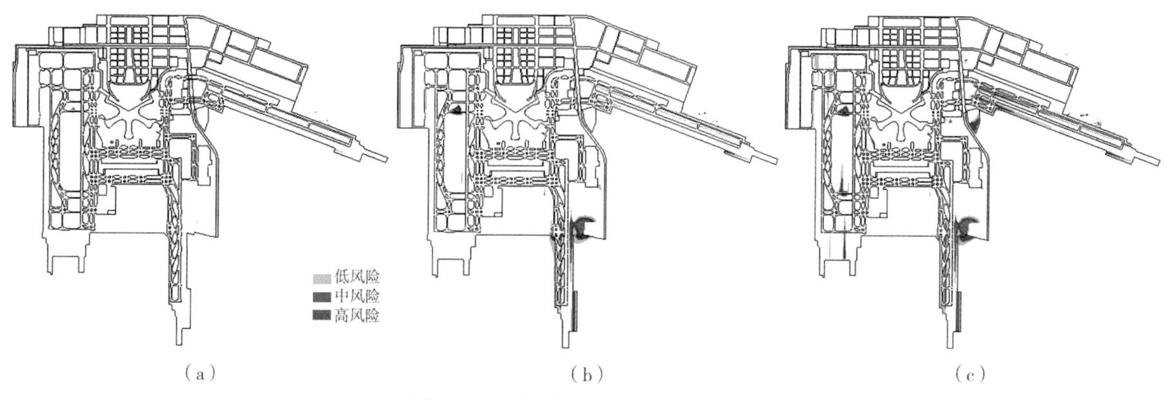

图 7-32 不同风险工况积水情况结果
（a）10 年一遇设计降雨；（b）50 年一遇设计降雨；（c）100 年一遇设计降雨

风险等级评估 表 7-6

	面积（hm^2）		
	风险等级：低	风险等级：中	风险等级：高
10 年一遇	1.47	0.27	0.24
50 年一遇	46.2	23.21	13.63
100 年一遇	79.17	43.42	25.67

3. 积水原因分析

通过模型对 50 年一遇 24h 降雨条件下的机场区域进行动态积涝分析得出，区域积水风险较小。主要内涝成因来自三方面：第一方面是由于局部低地形易积水，且积水后无法迅速退水；第二方面是 50 年一遇降雨强度大，在雨峰期间，泵站能力不够；第三方面为部分管网排水能力不足，存在瓶颈管网。

（1）存在地势低洼点

由于现状地形中存在一些地势低洼区域，降雨期间径流流入，无法及时排出，容易造成积涝风险。如图 7-33 所示，两片比较严重的区域即为由于地势较低的原因形成的积涝风险。

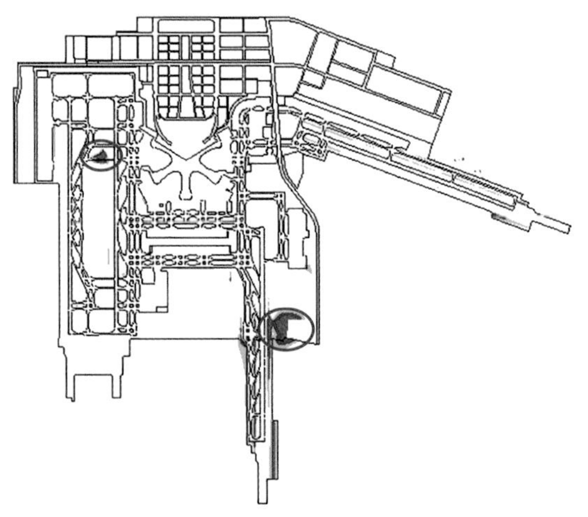

图 7-33 地势低洼造成的积涝区域

（2）泵站能力不足

图 7-34 显示飞行区以及 S1 泵站及附近会有一定程度的积涝风险，其积水原因主要是降雨强度大，径流峰值大，泵站无法及时排出水使前池水位增加，进而引起上游管网溢流。

图 7-35、图 7-36 为 N3 雨水泵站位置、泵站前池水位及上下游管网纵断面图。可以看出，

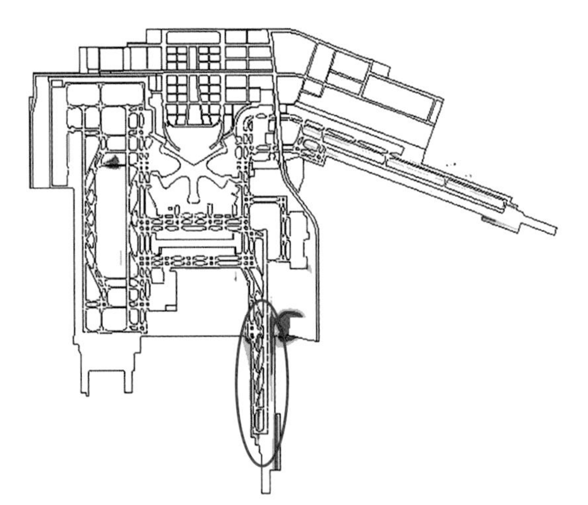

图 7-34 泵站排水能力不足导致的积涝区域

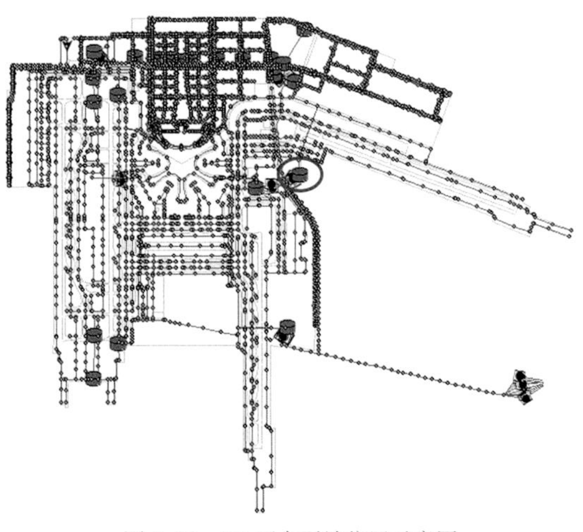

图 7-35 N3 雨水泵站位置示意图

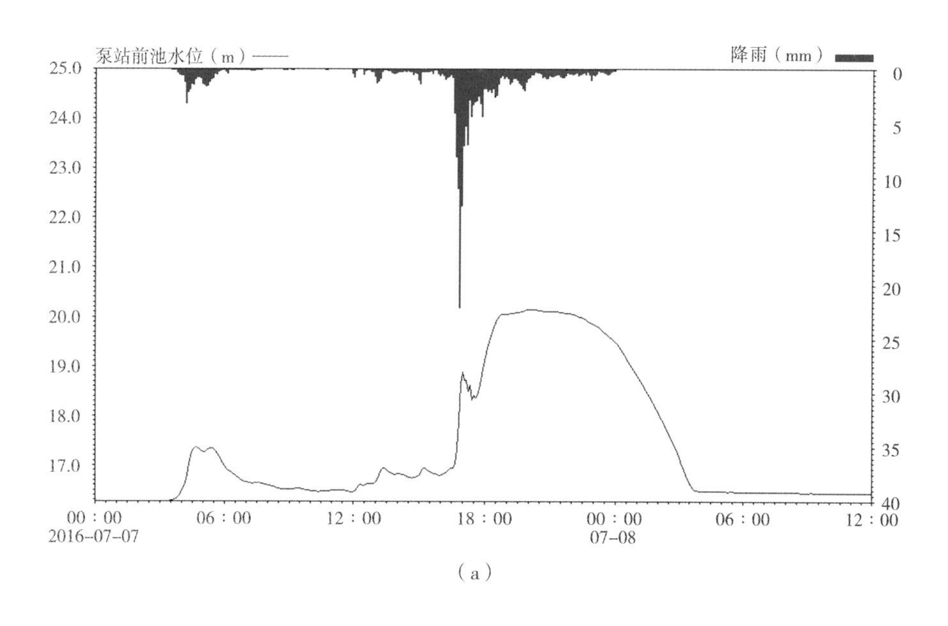

（a）

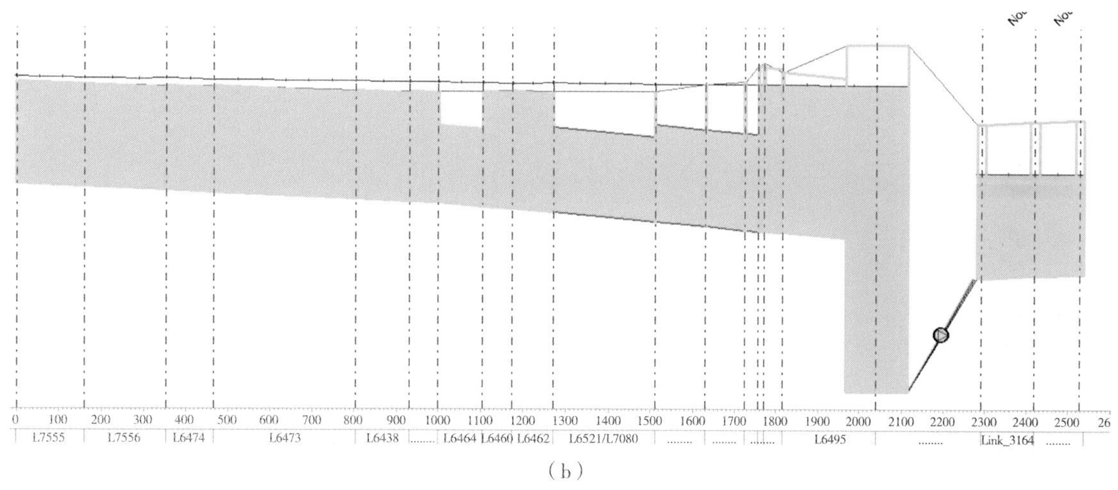

（b）

图 7-36 N3 雨水泵站前池水位图及上下游管网纵断面图
（a）N3 雨水泵站前池水位图；（b）N3 雨水泵站上下游管网纵断面图

泵站前池水位上涨到水位下降历时约9h，雨峰前后，泵站的排水能力不够，使前池水位抬高，从而导致上游管网发生溢流。

图 7-37 和图 7-38 为 S1 泵站位置、前池水位及上下游管网纵断面图。可以看出，泵站前池水位上涨到水位下降历时约 18h，雨峰前后，泵站排水能力不够，使前池水位增高，从而上游管网发生溢流。

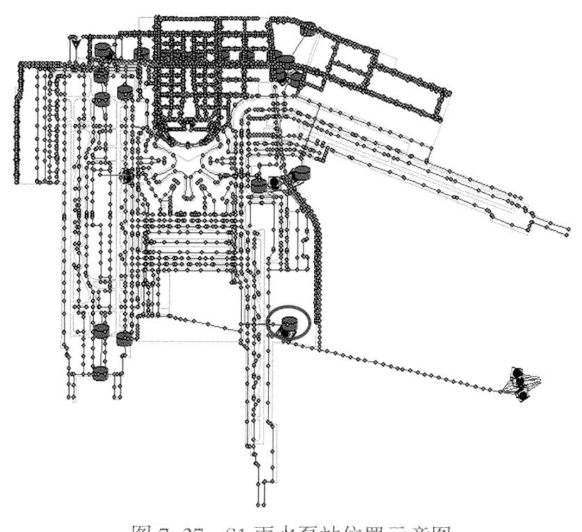

图 7-37 S1 雨水泵站位置示意图

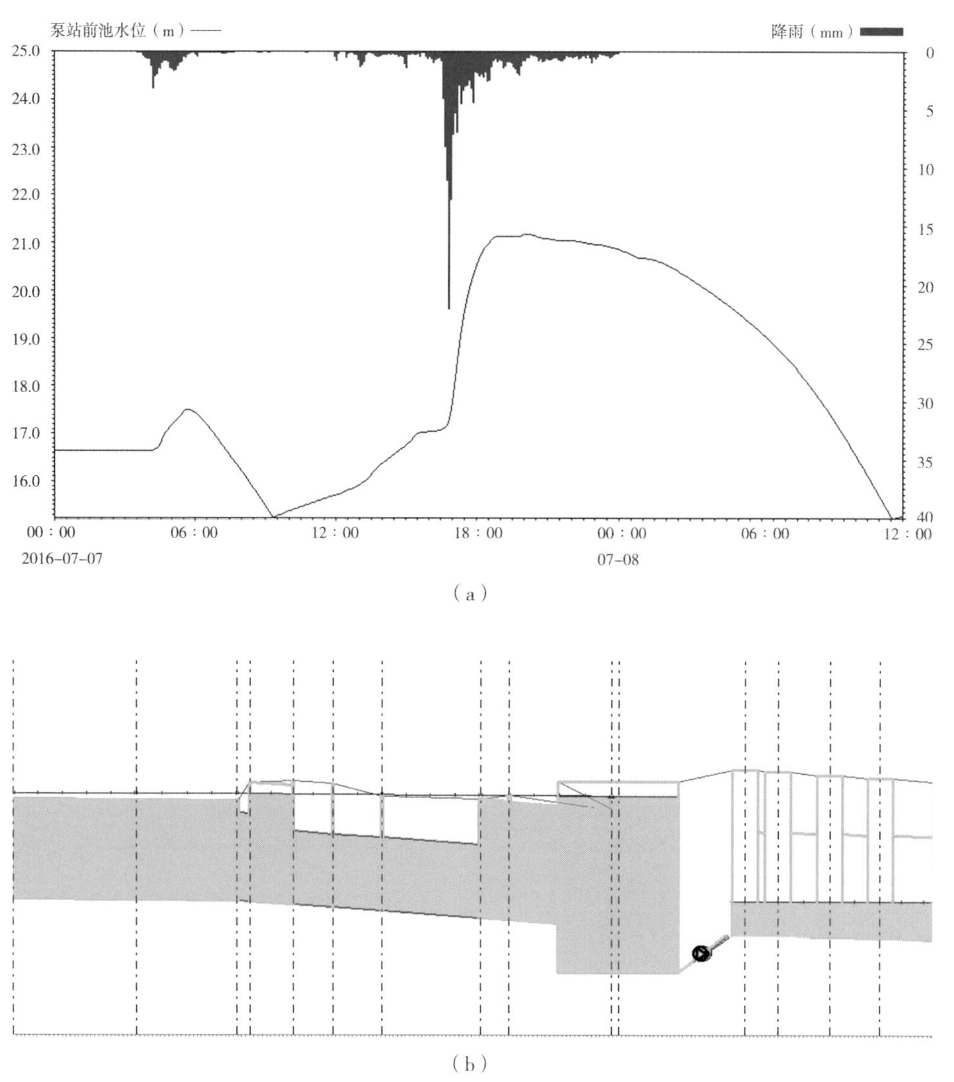

（a）

（b）

图 7-38　S1 雨水泵站前池水位图及上下游管网纵断面图

（a）S1 雨水泵站前池水位图；（b）S1 雨水泵站上下游管网纵断面图

（3）管道过水能力不足

图 7-39 中标识的管线显示，红色区域中有轻微积水风险。在降雨增大时，靠近下游区域排水渠水位线坡度远远大于渠本身坡度（图 7-40），可以看出该排水渠能力不足，使上游区域发生溢流，在附近地势低点，形成积涝。

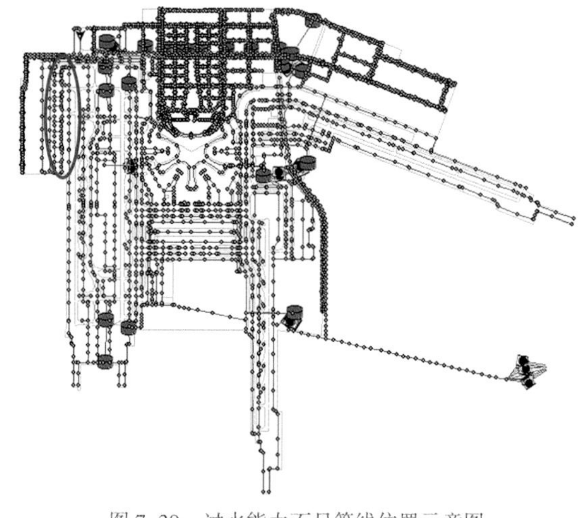

图 7-39　过水能力不足管线位置示意图

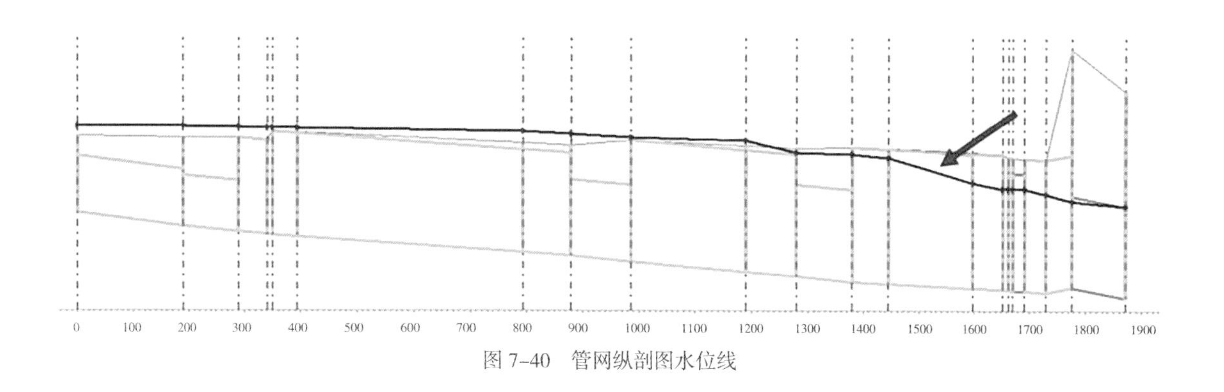

图 7-40 管网纵剖图水位线

7.2 智慧雨水管理系统

7.2.1 智慧雨水管理系统概述

基于机场基本资料的水文、地质等数据设计的雨洪模型完成后，其数据模拟功能可以为智慧雨水管理系统的构建提供完善成熟的应对模块，从而为雨洪模型应对不同时间段不同雨型的方法提供理论指导。依据常规水环境中的大气水、河湖水、土壤水、地下水、植被水、工程蓄存水和调配供水部分进行合理调配，依靠相应监测仪器进行可视化综合管理，构建智慧管理平台，如图 7-41 所示。

智慧雨水管理系统在宏观上实现区域内各水文系统的互联互通，形成应对降水时的统一战线，同时进行统一部署，在管理平台的基础建设上，同样以海绵城市建设理念为核心，构筑出与整体互联较强的雨水蓄排系统，如图 7-42 所示。

智慧雨水管理系统另一核心部分是依靠其对于区域水文状况的实时监测，将数据实时汇总结合，根据相应数据作出具体决策，实现智慧管理。其实时监测依据相应的检测设备，如图 7-43 所示。

智慧雨水管理系统的构建同样离不开中央数据汇总系统，作为对数据的汇总和依据模型给出应对措施的中枢部分，同样具有重要作用。汇总决策分析运行界面样例如图 7-44 所示。

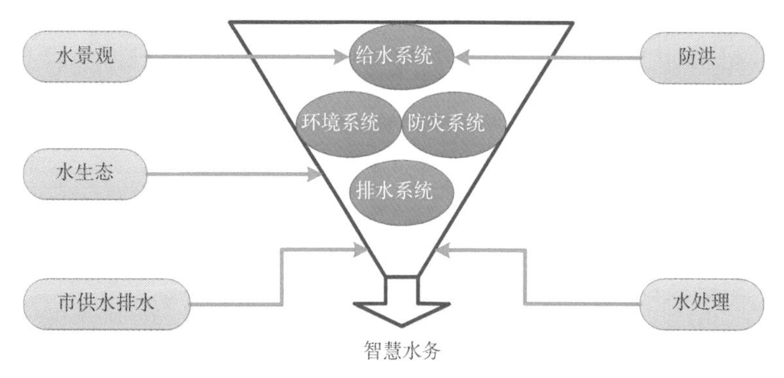

图 7-41 智慧管理系统示意图

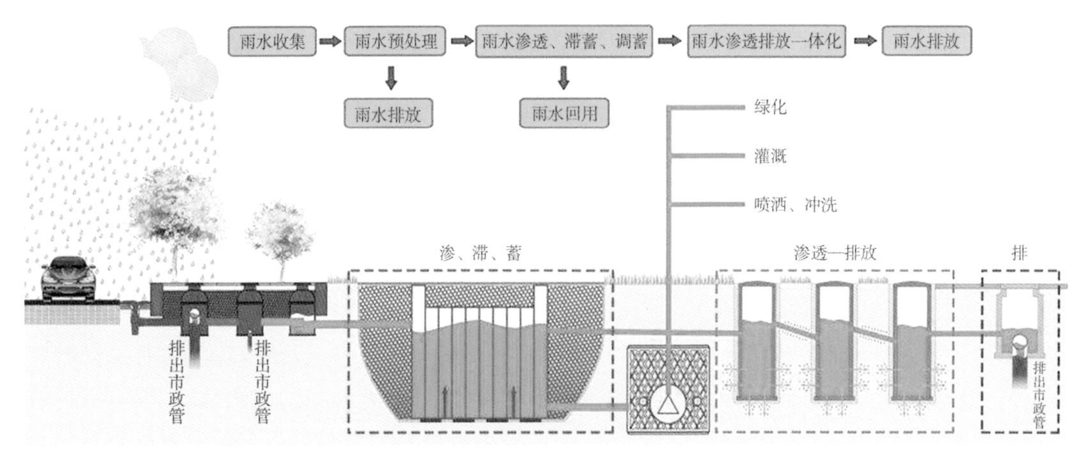

图 7–42 智慧雨水管理系统蓄排部分构建示意图

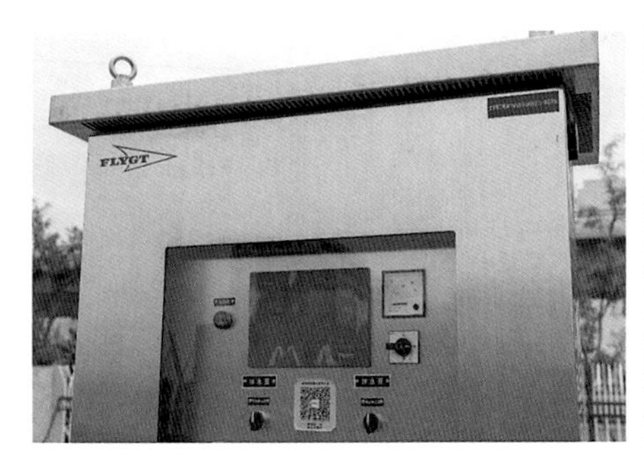

图 7–43 智慧雨水管理系统监测仪示意图

图 7–44 智慧雨水管理系统综合管控决策分析界面图

国内同样有许多构建成功的智慧雨水控制系统，其中较为典型的包括杭州市智慧排水管理系统、宁波市城市排水智能化管理系统以及温州市智慧排水系统等。2011 年，杭州市开展排水管理信息系统建设，基本搭建了排水信息化管理平台，建立数据库，纳入上城区 289km 的排水管网数据，初步实现了管网信息查询分析、七格污水处理厂一二期及重点纳管排污企业在线监测、排水许可管理等功能。建设了 200 个河道排污口智能报警设备，辖区范围内的 5 条河道沿岸 231 个排污口原先每日需安排人工巡查 3~5 次，从 2015 年 10 月安装传感器后，实时掌握动态排污情况，同时，2015 年共实施 5380 个排水井盖智能改造，使井盖管理由过去的被动变成主动管理。初步完成智慧排水系统的构建，其具体模式如图 7–45 所示。

宁波市以宁波市城市排水有限公司为例，其担负宁波市现有和建成后污水管网、泵站、污水处理厂的运营管理等工作，拥有主干管网约 752km、排水泵站 76 座，污水处理能力约达到 $70\times10^4m^3/d$。智慧排水系统构建目标提出之后，整合和发挥管网、泵站、污水处理厂的局部自动化成果，以数据为核心、以知识为基础、以智能化技术为支撑，实现了城市排水运行管理模式由被动向主动、由粗放向精细、由人工向智能的转变，实现了城市排水整体层面上的优化控制、运行和管理。最终实现了具有宁波特点的城市排水系统智能化管理平台，如图 7–46 所示。

温州市打造排水设施“分散运营、统一管理”的信息化管理模式，目前已完成对温州

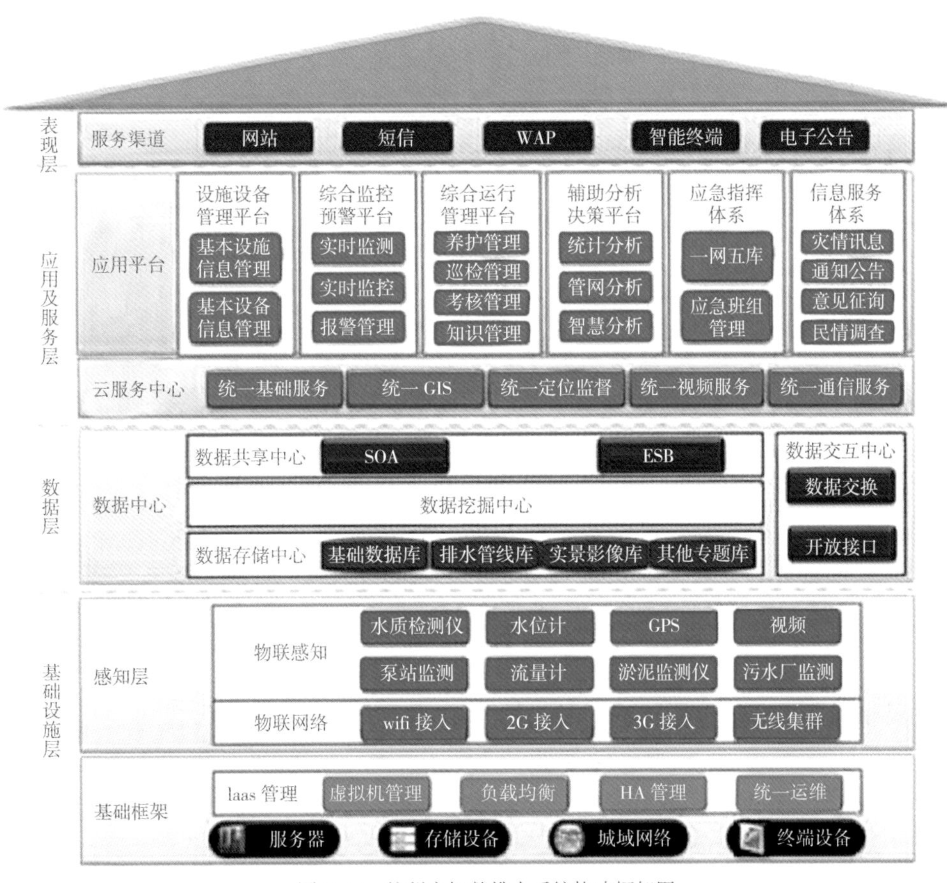

图 7-45 杭州市智慧排水系统构建框架图

市地下 4245.7km 的排水管道实现“看得见，摸得着”的科学管理，实现“可视化”查阅。同时，利用 GIS、自动化设备、远程监测和无线传输等技术，在“大脑中枢”——调度中心搭建排水“数字化”管理平台，该平台以排水 GIS 系统、水位远程监测系统、泵站自动化系统、路面积水监控系统、移动指挥系统和排水案卷处置系统实现对智慧排水系统的构建，如图 7-47 所示。

由以上案例我们可以发现，传统针对城市水循环的智慧管理多应用于智慧排水，并没有实现对雨水的科学利用，同样的，其他海绵城市的建设工程中基本没有考虑对于雨水的智慧管理问题，这造成现有海绵城市的建设只能从较低水平利用雨水。同时，由于机场范围内泵站数量较多，各泵站运行人员素质参差不齐，管理层人员对下属运行人员的考核、总体的调度能力薄弱，在高速发展的背后存在着运营风险，北京大兴国际机场

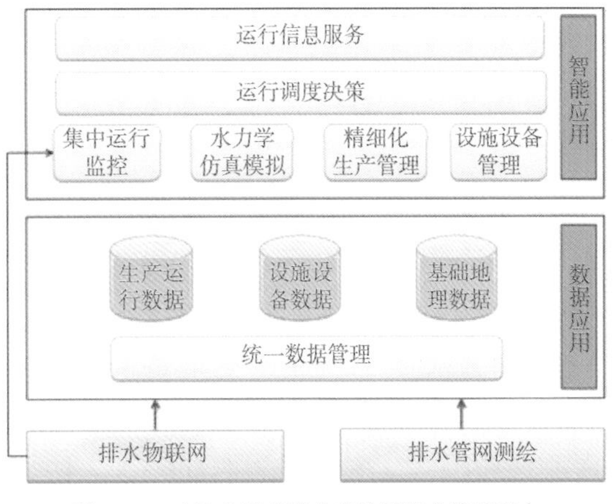

图 7-46 宁波市城市排水系统智能化管理平台

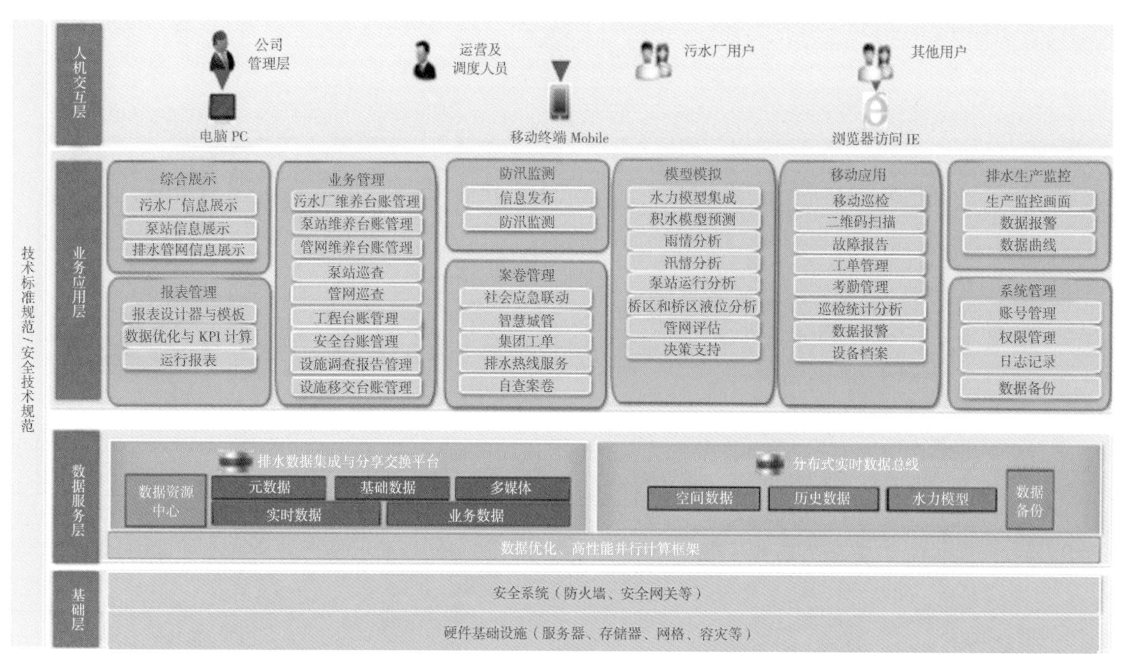

图 7-47　温州市智慧排水系统构建框架图

在实际水系统管理过程中亟需建设具有前瞻性、实用性的集中化、智慧化运营管控系统，对运营数据进行决策分析，为管控提供科学依据，实现精细化过程控制管理，提升核心竞争力，强化运营管控能力。

智慧雨水管理系统是北京大兴国际机场“海绵机场”构建区别于一般区域“海绵城市”构建的关键技术。智慧雨水管理系统凭借其先进的雷达系统，通过实现雨水管理中心与北京大兴国际机场气象雷达数据的对接，对北京大兴国际机场范围内的小、中、大雨的降雨进行预测与雨情监控。北京大兴国际机场范围内的泵站、闸站、调蓄池、人工湖、气象及雷达数据也可进行实时监视，及时对机场管理范围内的关键数据进行在线监测和预警控制。智慧雨水管理系统通过对各泵站的集中化监视、排水模型的建立、实时降雨雨型的计算、合理的雨情汛情分析等工作，为管理人员提供专业的分析、管理、支持，以数据、曲线、报表等直观的展示结果帮助管理层建立科学的决策支持平台，对突发事件实现快速感知、合理分析、有效判断、直观展示，全面提升管理层的决策分析能力。以上措施实现了对北京大兴国际机场范围内关键设备的远程控制，进而实现对北京大兴国际机场降水的科学调控。

智慧雨水管理系统依托智慧雨水管理中心与能源中心实现共同管理，通过引入科学的、高效的设备管理系统，通过对设备管理标准化流程的贯彻执行，将预防性维护和状态检修有机结合，有效地规范了日常设备管理工作，有效地提高了设备可靠性和可用性，进而保障了生产运行的安全和稳定，对于机场高效运营的保障具有重要的促进作用。

7.2.2 雨水数字管理系统的建立

北京大兴国际机场智慧雨水管理系统框架从结构上分为五个层级，如图 7–48 所示。五个层次在不同角度存在相互作用关系，根据其各个层次所具有的功能不同，大致可划分为三个控制板块。

第一个板块实现第一、二层级感知与执行的功能，主要是通过现场设备仪表提供实时监控信息来实现。例如，雨水管渠出口等处设置液位、流量等计量装置，雨水泵站内设置液位装置在线监测格栅前后水位及水泵运行状态，排水明渠设置水质在线监测设备等；

第二板块根据第一板块所得实时监测数据，依靠相应模型系统进行处理，实现第三层级分析与预测的功能，主要是通过系统仿真建立雨水数字模型，分析和预测不同降雨情景时北京大兴国际机场雨水系统运行状况来实现；

第三板块依据前两板块所得数据结果，综合考虑北京大兴国际机场整体雨洪系统，进行综合调度，达到第四、第五层级指挥与协作的功能，主要为管理者通过前三层级反馈的信息，综合实时数据及监控视频等对北京大兴国际机场雨水系统进行指挥调度和系统决策。

作为第一板块主体的检测系统和作为第二板块主体的模型模拟系统已在前文介绍过，这里不再赘述，这里着重介绍智慧雨水管理系统的控制中枢，实现整个智慧雨水管理系统一体协调控制的核心部分。作为依靠互联网技术的智慧雨水管理系统，网络系统成为核心控制系统的基础部分。北京大兴国际机场网络具有完善的内外网基础设施建设，雨水管理中心系统作为决策层面的管理中心，服务器设置在机场机房内，具体网络架构图如图 7–49 所示。

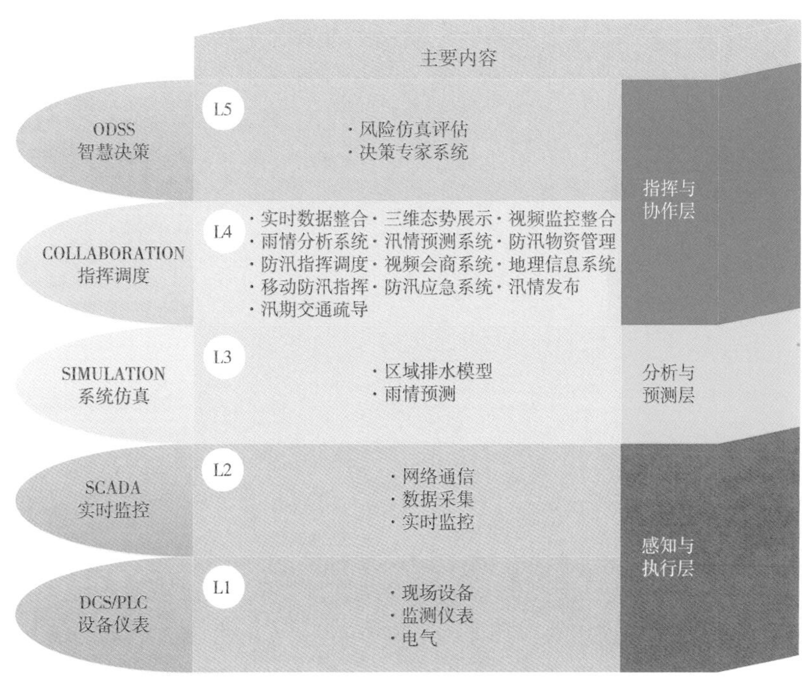

图 7–48 北京大兴国际机场智慧雨水管理系统框架图

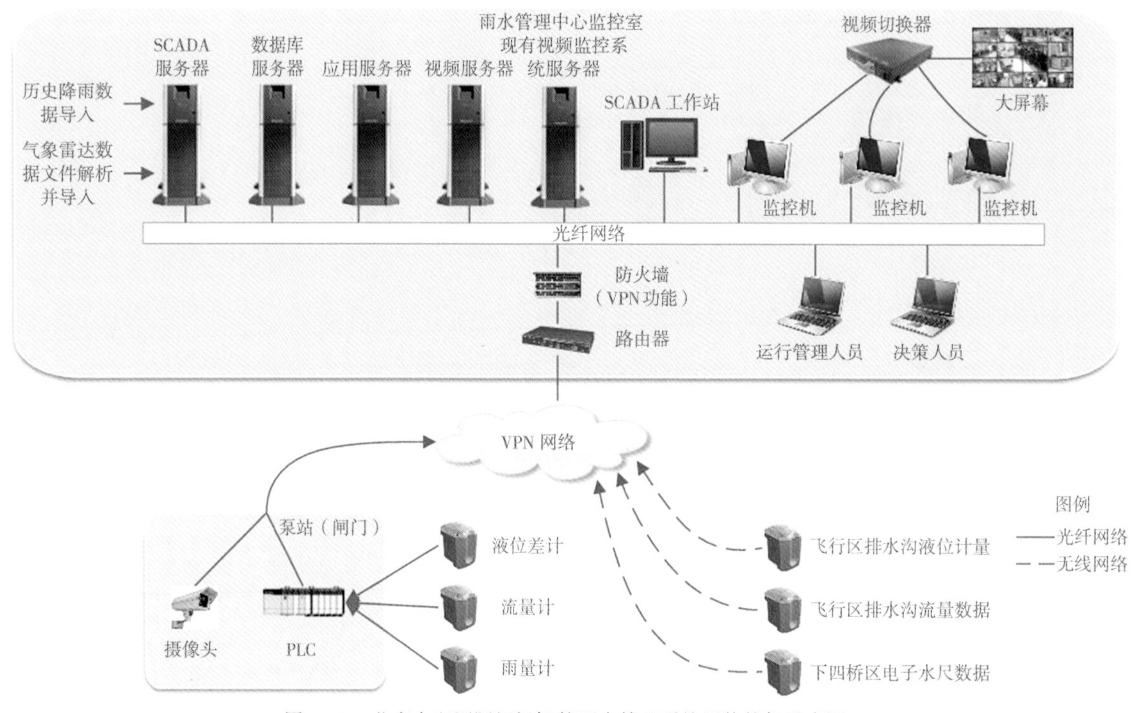

图 7-49　北京大兴国际机场智慧雨水管理系统网络构架示意图

雨水管理中心设置 5 台服务器，具体如下：一台服务器作为 SCADA 服务器，安装 SCADA 软件及数据库软件，实现 SCADA 软件的编程调试、存储历史数据；一台服务器作为数据库服务器，运行智能监管与决策支持系统配套数据库软件，存储 SCADA 服务器发送的历史数据；一台服务器作为应用服务器，运行智能监管与决策支持系统软件；一台服务器作为视频服务器，采集、存储和发布视频数据；一台服务器作为 SCADA 工作站，实现远程控制操作。

除综合管理控制系统需要构建完备的网络系统之外，各部分由于需要进行数据反馈，各泵站与雨水管理中心之间同样需要架设光纤网络，具备 4M 以上网络带宽，中心端需要 1 个 20M 以上网络带宽的固定 IP 地址，机场还要建设视频监控系统，用于采集并存储视频数据。

网络系统构建完成后，除相应硬件设施需要对网络控制系统实现保障之外，保障软件的流畅运行同样具有重要意义。在具体实施过程中，各泵站通过在雨水管理中心加装具有 VPN 功能的防火墙搭建 VPN 网络，运行数据及纳入附近泵站的液位差计数据、流量数据、雨量计数据等，通过已建成的光纤网络由各泵站统一传输至雨水管理中心；各泵站内的视频数据传输至各视频监控系统服务器，由视频集成服务器调用视频数据。而不纳入附近泵站的飞行区排水沟液位、流量数据及下凹桥区电子水尺水位等数据，则通过对应检测仪表 +RTU 遥测终端的形式通过 3G/GPRS 的方式传输至雨水管理中心。最终，历史降雨数据存储为文档形式，可直接导入 SCADA 服务器数据库中。北京大兴国际机场智慧雨水管理系统网络构架，如图 7-50 所示。

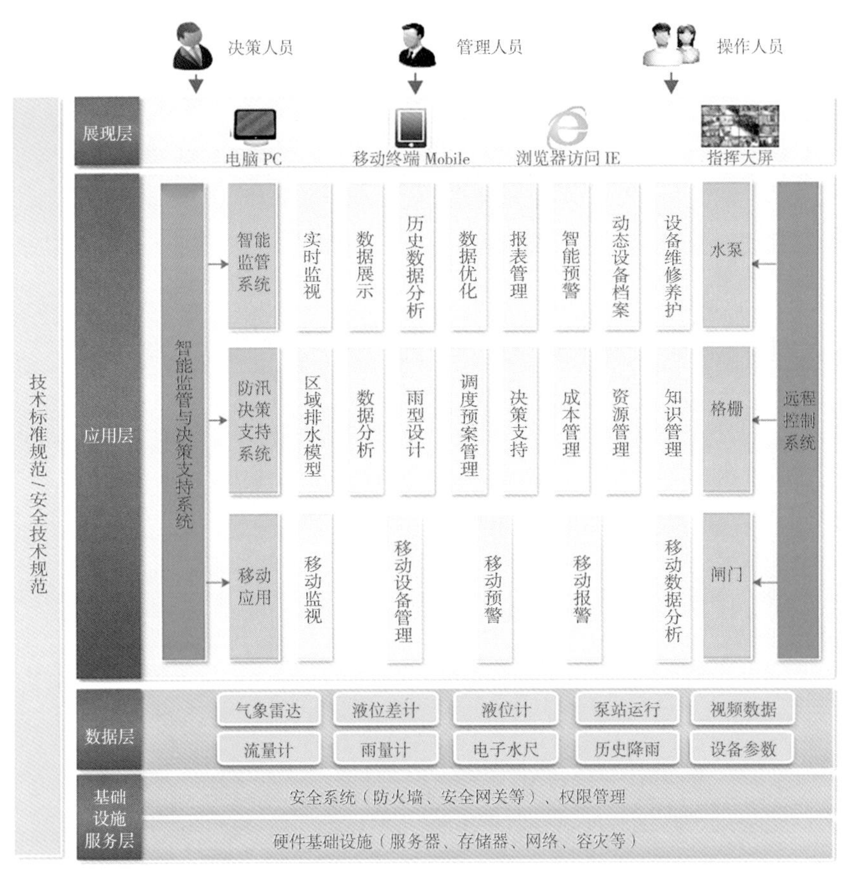

图7-50 北京大兴国际机场智慧雨水管理系统网络构架示意图

1. 智能监管子系统

由于北京大兴国际机场区域范围较大，数据量大，组成部分复杂繁多，为避免出现部分故障影响整体系统运作的情况，针对各部分具体负责功能不同，将各部分进行模块化，即智能监管子系统，作为雨水管理中心的监视窗口，集中展示相关生产数据及各应用互联共享数据（图7-51），提供各业务环节的实时/历史趋势图表、实时报警和历史报警查询功能。雨水管理中心各级管理人员通过水务集中监管系统及时、准确、全面、直观地掌握现场状况。该系统具有以下功能：

（1）数据采集

智能监管子系统建立在数据采集的基础之上，需要建立与所有数据源的实时数据通信，实时采集所有关键运行数据。主要采集的数据为：各泵站设备（水泵、格栅、闸门等）的工作状态（运行台数和故障情况、电流、运行时间、电量、功率等）及泵站内/泵站附近监测仪表数据（泵站进水水质、进水流量、格栅前后液位、泵站出水流量、水池（渠）入口流量、飞行区排水沟流量、降雨量、排水明渠流量、人工湖水质液位等）。

（2）实时监视

智能监管子系统采用分层结构，可以根据组织结构和部门搭建树状菜单。监视画面的首

图 7-51　智慧雨水管理系统运行示意图

页可显示区域地图，清晰地体现各泵站及监测点的位置及空间布局。在各泵站的工艺流程画面展示采集到的泵站设备运行状态数据、泵站内 / 泵站附近监测仪表数据，在总览地图中对非纳入泵站的仪表数据、外部数据进行集中展示。另外，对重点区域的视频监控画面进行集中展示，当出现数据报警事故时，可直观地了解到事故的具体情况。

（3）历史数据分析

智能监管子系统具有运行数据曲线趋势分析与输出功能，为了便于数据管理更加清晰，还可以在运行数据曲线上对数据点进行备注和修改，从而便于对数据点信息进行识别。

（4）数据优化报表管理模块

由于仪表自身养护问题或通信干扰等原因，采集到历史数据库中的数据不可避免地存在着偏离、失真、丢失等问题。这些数据如果不经过筛选、判别、整理，则实际利用价值非常有限。因此，数据优化报表管理模块具有数据优化处理、存储和输出，数据录入界面及报表管理功能。

（5）智能预警

为了加强对液位、流量等关键 KPI 的监控，提高对系统异常运行的有效监测，系统提供实时性很高的智能预警体系。当数据越限时，监控计算机会出现报警信息。

（6）动态设备档案管理

动态设备档案管理涵盖设备编码、所在位置、分类、技术参数、优先级、采购等信息。实现物资编码、设备位置编码、设备编码、固定资产编码的关联，能够实现的功能包括：设备档案和台账新增、编辑和查询。

（7）设备维修养护

智能监管子系统可以追踪记录设备全生命周期内各设备的养护、维修记录信息，设备维修养护管理功能包括：设备预防性维护、故障性维修和维护记录归档等。

2. 防汛决策支持子系统

（1）实时监视

系统可通过实时降雨界面查看单一监测区域或各监测区域综合对比的 5min 雨量、瞬时雨强、累计降雨量，还可通过积水情况界面查看各监测区域的积水深度及对应积水深度曲线。通过泵站运行界面查看各泵站设备（水泵、格栅、闸门等）的工作状态（运行台数和故障情况、电流、运行时间、电量、功率等）及监测仪表数据（进水流量、泵坑和格栅前后液位、瞬时流量、集水池液位、累计排水量等）。

（2）数据分析

防汛决策支持子系统通过模块进行数据分析，主要由四大模块组成：①雨情分析模块主要进行场雨分析、降雨量均值分析、重现期统计分析等；②汛情分析模块主要进行场积水分析、积水历时均值分析、积水频率分析等;③泵站运行分析模块主要对泵站泵的设备运行数据、水质数据等进行曲线分析；④综合分析模块主要对泵站调蓄能力、桥区积水情况、泵送能力进行综合分析。

（3）雨型计算

根据《北京市水文手册——暴雨图集》《北京市城市雨水系统规划设计暴雨径流计算标准（地方标准 报批稿）》，可计算任意重现期下、任意降雨历时的雨型。计算出的雨型将作为区域排水模型的输入数据，可对积水敏感点以及积水范围作出预测，这有助于运行管理人员分析降雨的影响，及时控制各现场设备，合理调配防汛资源。

（4）调度预案管理

调度预案管理主要包括对调度过程中发生的调度日志、公共通知、调度工情进行管理。包括如下内容：

①调度事件查询。事件查询主要内容包括对调度过程中发生的调度日志、公共通知、调度工情进行管理。

②调度日志记录。调度日志记录调度员当班期间发生的重要事件，包括时间、类别、具体内容、联系人和联系方式等。

③调度方案制作。对各类调度预案的管理，包含调度预案建立、调度条件修正、调度措施修改等，实现调度预案与调度条件的匹配映射等。整个系统支持通过实时生产数据触发调度预案，记录预案发出的历史信息。

（5）决策支持

最终决策支持主要通过如下方式实现：

①排水系统建模与分析。通过离线排水模型对规划区域的排水系统模拟，根据研究区域地形数据资料，建立研究区域的地表漫流模型，模拟降雨径流和管网溢流在地表的流态，以及易积水区域，帮助管理人员对排水系统中薄弱区域进行判断。

②客水分析。客水分析包括瞬时雨量曲线、低水区流量曲线、累计排水量曲线、水量差值及当量面积曲线，可以对进入监测区域的客水进行分析，确定在发生一场降雨后，任意时刻是否有客水进入以及客水汇入的时间和汇入量等。

③态势分析。在总览地图中标注各泵站的地理位置，并用不同颜色来标注泵站的运行态势，有助于管理者、决策者对运行态势进行全局把控。其中，运行态势一般分为三类，一类

由红色标记，表示情势紧急，需要重点关注；一类由橙色标记，表示情势尚可，但是需要关注；一类由绿色标记，表示情势良好。运行态势的分类基于综合 KPI 的计算。

（6）能耗管理

防汛决策支持子系统的能耗管理模块用于对各类设备的能耗进行精细计量、实时监测、智能处理和动态管控，不断优化节能方案，智能控制耗能设备的最佳运行状态，辅助管理人员实现精细化、智能化、现代化管理。

（7）资源管理

人员组织的管理包括应急班组和现场指挥人员目录，可通过该功能查看到应急班组及人员的位置、联系方式信息，便于防汛调度使用。

防汛物资管理主要实现如下功能：物资仓库业务管理；防汛物资管理，包括物资采购和补充及验收、日常维护保养、报废、核销以及储备库存、更新计划等管理；防汛经费管理，包括经费使用计划、经费申请、分配使用、经费查询等；汛期物资调动、汛后清点、动用报告管理；物资台账和专题统计分析，经费台账和专题统计分析；防汛物资使用手册等文档管理。

（8）制度管理

运行规章管理包括生产运行制度、防汛规范制度及调度应急预案，系统实现对各类调度预案的管理，包含调度预案输入、调度条件修正、调度措施修改等，实现调度预案与调度条件的匹配映射等，支持通过实时生产数据触发调度预案，记录预案发出的历史信息。

运行管理人员可自定义调度预案触发条件（可采用多种判断条件的逻辑组合），根据泵站实时运行数据及化验数据触发调度预案，如设备故障、液位超标等。触发调度任务后，预案中的运行调整建议可供调度管理人员参考决策。

系统还能实现对设备安装图文和设备图文资料进行集中管理，包含设备相关技术资料、文件、操作程序、制造厂商手册、工程图等，能够以附件形式上传到设备档案中归档，并能够根据设备进行关联查询。

除为了避免区域故障影响整体之外，为实现对大型国际机场整体的高效科学管理，在综合控制中心搭建网络控制平台时具体采用分层结构，可以根据组织结构和部门搭建树状菜单。监视画面的首页可显示区域地图，清晰地体现各泵站及监测点的位置及空间布局。在各泵站的工艺流程画面展示采集到的泵站设备运行状态数据、泵站内 / 泵站附近监测仪表数据，在总览地图中对非纳入泵站的仪表数据、外部数据进行集中展示。另外，对重点区域的视频监控画面进行集中展示，当出现数据报警事故时，可直观地了解到事故的具体情况，以便迅速完成对故障位置的修复，保证系统的顺利稳定工作。

该系统同时具有运行数据曲线趋势分析与输出功能以及运行数据曲线上数据点备注和修改功能。由于仪表自身养护问题或通信干扰等原因，采集到历史数据库中的数据不可避免地存在着偏离、失真、丢失等问题。这些数据如果不经过筛选、判别、整理，则实际利用价值非常有限。因此，数据优化报表管理模块具有数据优化处理、存储和输出，数据录入界面及报表管理功能。

3. 远程控制子系统

根据此次集中监管的需求，需要在雨水管理中心建立现代化的泵站集中远程监控系统，以改变传统人工巡视检查带来的工作量大、效率低、反应慢的缺点。本系统能将各个泵站运行监控数据及时传至中心，并实现远程监控，以便实时掌握各泵站的生产运行状况、生产运行数据，提高运行效率，实现泵站运行的集中监控管理、合理调度集约化功能。系统采用“集中管理、分散监控、数据共享”的分层、分布式的拓扑结构，符合当前工业自动化监测系统发展趋势，能够实现泵站参数及设备集中监视和部分设备的自动控制。

远程控制系统具有如下功能：

（1）数据集中展示

在监视画面首页显示区域地图，清晰地体现各泵站的位置及空间布局；对各泵站工艺流程画面、关键数据显示画面、工艺设备状态等进行展示，如图 7–52 所示。

图 7–52　远程控制界面示意图

（2）数据处理分析

远程控制系统可以对各种设备、仪表等原始信号和输入信号进行预处理，并对信号进行有效翻译及分析，初步识别数据的准确性和精确性，对错误数据进行预筛，从而促进系统控制更加可靠。

（3）事故与故障报警

系统可实现各控制单元所有设备的事故、故障等的报警、记录以及相应的报警画面弹出显示等功能，并且能够按照报警发生的时间、次序、设备名称、事故和故障名称等进行查询。

（4）保护与权限

系统具有多种安全设备、操作员操作权限设置、操作命令确认、操作口令确认、设备联锁等功能，可实现系统的安全、可靠、正常运行；系统有操作员操作权限等级设置，可根据操作要求，进行相应权限的登录操作；操作员在操作过程中设置有操作口令和操作命令确认，有效地避免了设备的误动。

（5）设备远程控制

将运行设备进行软冗余处理，对于出现故障的设备进行序列隔离变为备用，备用设备运行进行角色轮换，使其能应对突发故障冲击；对一些重要设备设定时间进行自动轮换运行，使设备运行时长均衡，延长使用寿命。

7.2.3 雨水调蓄池调度方案

根据雨水排放总体方案，全场设一处总排水出口与规划永兴河连接，根据洪水影响评价的结论及建议，确定当永兴河流量达到峰值时，北京大兴国际机场本期允许外排流量为 $30m^3/s$。为充分利用场外排水设施，保证机场排水安全。当场外水系流量未达到峰值时，且在北京大兴国际机场排水与永兴河排水量之和不超过永兴河设计标准的条件下，可适当提高北京大兴国际机场排水流量，因此，规划本期总排水出口二级泵站暂按设计流量 $45m^3/s$ 建设。

同时，在场内北部另设一座备用二级泵站，当永兴河排水流量未达设计标准时，亦可启用该泵站向永兴河排水，该备用泵站规模暂按设计流量 $15m^3/s$ 建设，即全场排水出口规模合计按流量 $60m^3/s$ 建设。根据总平面规划，远期在北京大兴国际机场用地范围规划设有 15 个排水分区，总调蓄容积及总外排流量将根据允许外排流量另行确定。

本期场区内共修建六座一级雨水泵站和两座二级雨水泵站（含备用），调节总容积约 280 万 m^3（含排水明渠），部分调节水池兼作景观用途（图 7-53、图 7-54）。另外，还需根据实际情况对所利用的现状永兴河河道进行必要的整修。建设机场雨水管理中心（含水系自动化监测系统），建筑面积约 $1000m^2$，主要功能包括机场泵站、闸门监控、水文水质监测、视频监视及通信网络，而相配套的雨水自动监控系统具备开放性、高可靠性、高兼容性和可扩展性特点。机场水系的统一管理及自动化建设，能够有效提高水资源利用率，降低运行人员的工作强度，同时也提高了机场水系防汛减灾的综合能力，为机场水系的安全运行、合理调度提供强大的后备保障。

本次北京大兴国际机场建设考虑依托排水明渠建立场区生态水系，依照场地项目用水复合分布，结合生态工程技术要求对这一水系进行生态型功能配置。根据总平面布局，可将整个水系视为一个生态湿地平台，其边岸、边坡、表潜湿地区、水系底面、水表面等各有其生态功能，可形成较大规模的功能生态区。

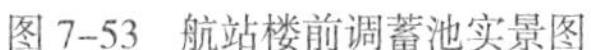

图 7-53 航站楼前调蓄池实景图

图 7-54 调节水池实景图

图 7-55 生态边岸系统实景图

图 7-56 景观湖生态系统设计渲染图

为保证生态功能，机场对排入的各类来水以组合生态方式进行处理，直至形成优质再生水，其次，水系的生态构成本身亦可有效提升周围的环境品质。生态区的各个功能单元中，生态边岸——可以实现绿化截污、分流入水，进水阻滤装置——对可以直接排入水系的有组织来水进行拦渣滤污，生态护坡——能够实现绿化、固土、截污、生态净化的目的，潜流湿地区——则可进行再生水的深度处理，表流湿地区——还可进行再生水的深度处理和水系水质维护，而潜水生态区——则主要进行水系水质的维护与改良。生态边岸系统实景图，如图 7-55 所示。

北京大兴国际机场水系补水量综合考虑水系蒸发、渗漏、降雨、水质维护等因素确定。北京大兴国际机场水系补水量主要包括水面蒸发渗漏损失量、维持水质的换水量或循环水量。机场本期水系水面面积约为 110hm^2，全年平均日蒸发量约为 3000m^3/d；在夏天温度较高时，若维持水系水质满足要求，需 10d 换水一次，补水量较大，而机场的水系补水主要来源于机场再生水系统和雨水资源。其中，再生水为相对稳定的补水水源。根据机场规模计算，本期能提供给机场水系补水的再生水量无法满足蒸发补水和换水需求。为保证景观水体的水质不腐化变质，除可采取补水措施外，还可在景观水系周边依托分布式设置的湿地系统构建水系内部的多种生态群落和复杂生态系统，以提高水系本身的自净能力，并能进一步提高进入水系的再生水水质，从而从根本上保障水系的水质能维持在一个比较好的水平，并可以使得水在水系的停留时间进一步延长，减少每年的换水次数，节约再生水资源。

根据水系的水深、基底等环境条件，在水系中种植不同的功能性水生植物，通过不同的植物群落构建一个复杂的生态系统，将水系尽可能改造为生态沟渠，利用植物的吸收稳定水质、去除水中的污染物质和营养物质，从而达到净化和稳定水质的效果。冬季可选配冷季型沉水植物与暖季型搭配，仍能起到净化作用，可形成完整的四季处理效果。此外，还可在景观水系内安装曝气推流及循环设施，增加涌泉的景观效果，同时提高水体的流动和循环，增加水体复氧速度，改变水体水质变化过程，从而改善水质，预防水质恶化。循环设施可利用周围的屋面或停车场遮阳构建太阳能电站，提供非定时循环动力，用绿色能源保障水生态系统运行（图 7-56）。

第 8 章

机场“海绵效益”——兼优共赢

第 8 章　机场“海绵效益”——兼优共赢

8.1　效益分析背景

改革开放以来，我国经济的持续增长，促进了民航运输业务的快速发展（图 8–1）。2004 年起，我国已经成为世界上民航客、货、邮运输量最高的国家之一。据统计，京津冀地区经济总量 8.2 万亿元，常住人口 1.1 亿，机场 8 座，旅客量 1.29 亿人次，占全国 11.2%，民航运输业发展速度更是经济发展速度的 1.5~2 倍。首都国际机场旅客年吞吐量自 2018 年起一直保持在 1 亿人次以上，凸显了首都地区机场设施资源的相对匮乏。因此，北京大兴国际机场作为京津冀地区航空与运输保障能力重要补充，已于 2019 年 9 月 25 日正式投入运营。为保证首都机场效益分流的平稳过渡，保障北京大兴国际机场顺利高效运营显得尤为重要。内涝积水是航空港的国际性难题，由此产生的航班延误甚至取消，将大大影响机场运行效率，造成显著的效益损失。海绵建设对于机场雨洪条件的管控，需要科学合理的效益分析评估，理性量化海绵机场全生命周期中经济、社会和环境效益的价值，从而为政策制定者、决策者和管理者提供有用和可靠的信息，实现机场综合效益最大化。

8.2　效益分析原则

8.2.1　经济效益分析原则

由于北京大兴国际机场的运营时间尚短，故根据国家发展和改革委员会与住房和城乡建设部发布的《建设项目经济评价方法与参数》（第三版），结合《民用机场建设项目评价方法》，在对北京大兴国际机场航空业务量进行预测的基础上，进行经济量化效益评估。根据投资、收入、成本和效益相统一的原则，选择投资回

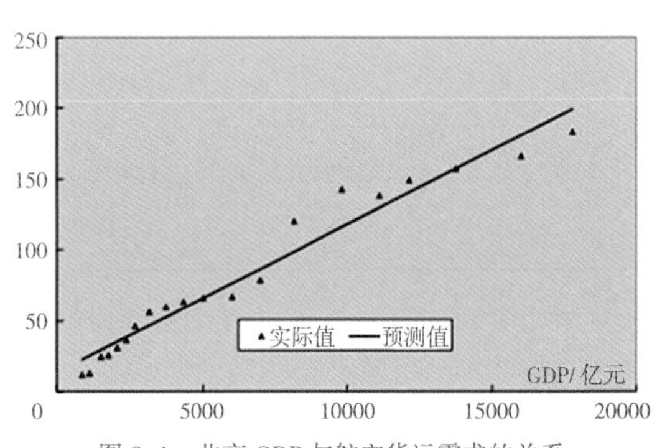

图 8–1　北京 GDP 与航空货运需求的关系

收期等指标作静态分析，选择内部收益率和净现值作动态分析，以北京大兴国际机场作为经济上独立核算的财务收支体，参照北京首都机场及国内其他大型机场近几年财务经营状况和民航局的有关规定，进行相关计算实现评估。

8.2.2 环境效益分析原则

环境效益分析以住房和城乡建设部发布的《海绵城市建设评价标准》GB/T 51345—2018为基础，坚持客观公正、科学合理、公平透明、实事求是的原则，采取实地考察、查阅资料及监测数据分析相结合的方式，以效果、效益、价值为评价指标，构建完善的北京大兴海绵机场建设效益评价体系。

8.2.3 综合效益分析原则

根据系统的整体性原理，在评价机场海绵系统设计综合效益时，着重从机场区域海绵系统的整体出发，评价系统的总体功能和治理效果。考虑经济、环境与社会等多种条件和因素的相互关系，统筹考虑宏观和微观、目前和长远、单项和综合、局部和整体效益之间的相互影响和作用，以定量化的经济效益和环境效益作为参照基准，统一考察评估，力求实现全局价值的协调统一。

8.3 效益分析方法

海绵机场的建设涉及原材料的生产和运输、操作、维护、人工等，每个过程都会产生不同的环境影响或效益。因此，为了给政策制定者和决策者提供有用和可靠的信息，需要一种综合评估海绵机场实际效益的方法。本章通过对海绵机场结构性设施进行单项设施效应分析，以经济效益和环境效益的定量化效益为依据，进行生命周期评价，最终实现对北京大兴国际机场综合效益的系统性定性分析与定性描述。

8.3.1 经济效益分析方法

对于一项公共政策或工程而言，成本和效益是必须关注的两个方面。由于该类工程投入成本通常数额巨大，而效益一般没有明确的受众和期限，容易在实施过程中出现成本效益不匹配的情况，并由此引发一系列的财务和社会问题。因此，为了全面评估此类项目的经济合理性和可行性，通常会对项目实施过程进行成本效益分析。海绵机场的经济效益从所需增加工程建设维修费用及建成后产出效益两方面进行分析。对于建设中的海绵措施而言，由于其发挥效益的时间通常持续数年，因此需要计算其全生命期成本。一般地，海绵措施的成本和

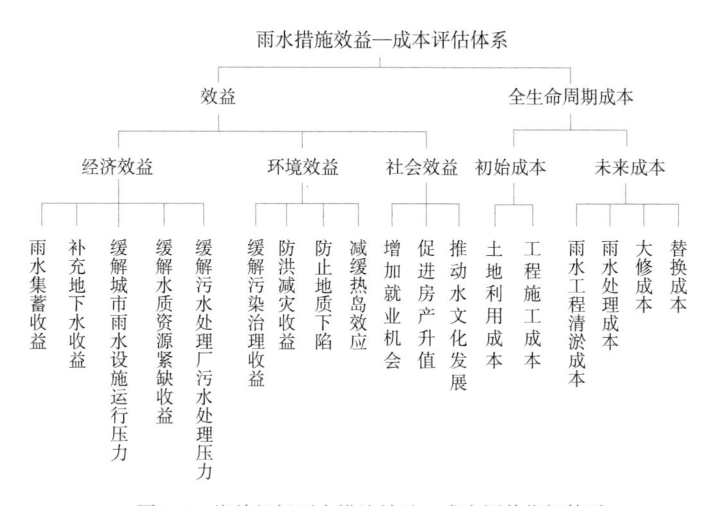

图 8–2 海绵机场雨水措施效益—成本评估指标体系

效益总体评估体系如图 8–2 所示。根据关注侧重点的不同，在实际评估中根据现实需要采用不同的评估指标和计算方法，分别对海绵措施的成本和效益进行量化计算，并进行相应的成本效益分析。

1. 海绵措施全生命期成本核算方法

全生命期成本是指工程项目在其从材料生产到设计施工再到运营维护的全生命期内所花费的成本，分析全生命期成本有利于对工程方案的经济性进行更加全面的考虑。将生命期成本分析方法引入到海绵措施的成本分析中，可以指导海绵机场合理投资及其成本效益控制。本章采用的海绵措施全生命期成本计算方法如下：

$$LCC= C_{\text{capital}} + \sum_{t=1}^{n} PV_{\text{O\&M}_t}$$

$$PV_{\text{O\&M}_t} = \frac{FV_{\text{O\&M}_t}}{(1+i)^t}$$

$$FV_{\text{O\&M}_t} = C_{\text{capital}} \cdot \rho \cdot (1+i)^t$$

LCC 表示海绵措施的全生命期成本，C_{capital} 表示海绵措施的材料、设计和施工等初始成本，n 表示海绵措施的生命期（服务年限），t（$t=0$，1，2，…，n）表示年份。由于全生命期年份一般较长，因此需要考虑通货膨胀等因素的影响，所以将海绵措施的运行维护成本考虑通胀率后计算得到其未来终值，再根据基准收益率将其换算成现值。$PV_{\text{O\&M}_t}$ 表示海绵措施在第 t 年的运行维护成本的现值，$FV_{\text{O\&M}_t}$ 表示海绵措施在第 t 年的运行维护成本的终值。i 为基准收益率，ρ 为通胀率。根据国内外有关 LID 措施运行维护成本的研究，通常将维护成本计算取为其原始成本的一定百分比，在此沿用该方法，ρ 为年运行维护费占初始成本的比例。

2. 海绵机场雨水利用经济效益计算

机场雨水利用的经济效益主要包括以下几个方面：

（1）年减少洪涝灾害损失可以按照以下公式计算：

年减少洪涝损失 = 机场区域 GDP × 我国洪涝灾害损失占 CDP 平均比例 × 内涝防治标准。

（2）年增加雨水资源利用量收益可以采用影子工程法计算，即回用雨水利用量与自来水价格乘积。

（3）年减少污水量收益可根据以下公式计算：

年减少污水量收益 = 多年平均降雨 × 区域总面积 × 城市区域径流系数 × 径流污染削减率 × 污水处理费。

8.3.2　环境影响评价分析方法

生命周期评价（Life cycle assessment，LCA）是一种对产品、工艺或服务等在其生命周期内各个阶段的所有投入和产出对环境可能造成的潜在环境影响，进行科学和系统的定量分析和评价的方法。LCA 方法具体流程包括目标和范围定义、清单分析、生命周期影响评价、解释 4 个步骤，如图 8–3 所示。一般需要先确定 LCA 的评价目标，然后根据评价目标来界定研究对象的功能、功能单位、系统边界、环境影响类型等，反映出资料收集和影响分析的根本方向。清单分析的任务是收集数据，并通过一些计算给出该产品系统各种输入输出，作为下一步影响评价的依据。输入的资源包括物料和能源，输出的评价除了产品外，还有向大气、水和土壤的排放。影响评价是对清单分析中所辨识出来的环境影响负荷作定量或定性的描述和评价。最后根据一定的评价标准，对影响评价结果做出分析解释，识别出产品的薄弱环节和潜在改善机会，为达到产品的生态最优化目的提出改进建议。

通过 LCA 可以识别并可能避免产品、工艺或服务等在生命周期各阶段的潜在环境影响负荷的转移，帮助寻找改善环境的方法。近年来，随着我国对可持续发展战略和环境问题的重视，生命周期思想已经逐渐立足于国家政策体系。2015 年国务院颁布了《中国制造 2025》和《生态文明体制改革总体方案》，工信部也开始对生态设计进行推广，国内也有越来越多的学者开始重视 LCA 的研究。虽然传统 LCA 方法主要运用于产品和服务上，但近年来随着 LCA 方法与标准的完善，LCA 的运用已经扩展到基础设施领域。Sabrina Spatari 等人将纽约布鲁克斯街区作为研究对象，利用 LCA 方法证实 LID 方案在建设阶段会多消耗 1.1% 能源和多排放 0.8% 消耗气体，而根据 LID 措施运营期内每年能够节约的能源和温室气体计算，投资回报期分别

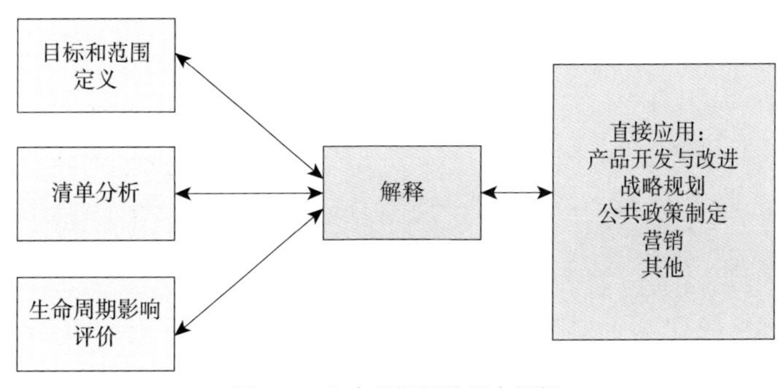

图 8–3　生命周期评价基本框架

需要 85 年和 150 年，环境效益回报期长。国内对于排水管网及 LID 措施的生命周期评价也有相应的研究。芦琳等利用 LCA 评估发现,雨水花园环境影响评价结果优于渗透铺装 + 渗透管 / 井，而就投资回收期而言，渗透铺装 + 渗透管 / 井则优于雨水花园。

立足 LCA 基本原则，本章采用 ReCiPe 法对海绵机场分别进行过程贡献、环境影响贡献以及物质贡献分析，辨识机场的关键影响类型、单元过程及输入输出物质。ReCiPe 法是在荷兰国家公共卫生与环境研究所（RIVM）、荷兰莱顿大学环境科学研究所（CML）、荷兰 PRé 咨询公司、拉德邦大学奈梅亨分校和 CEDelft 公司共同努力下开发的。该方法结合了 CML 中点法和 Eco-Indicator 99 终点损害法，允许用户通过中点法或终点损害法“在指标不确定性和指标解释的不确定性之间进行选择”。本章将机场区域内 1 公顷不透水排水区（IDA）作为功能单位，形成所有原材料、运输、排放、劳动力和成本水平的换算基础。综合海绵机场特性，在人体健康、生态系统和资源三类易于解释但具有不确定性的终点损害特征分类的基础上，依照中点特性进行进一步子类别分类，将 18 个相对可信的中点类型指标设置为：臭氧层消耗、人体毒性、电离辐射、光化学氧化、颗粒物形成、气候变化、陆地酸化、淡水富营养化、海洋富营养化、陆地生态毒性、淡水生态毒性、海洋生态毒性、农业土地占用、城市土地占用、自然土地转变、水资源消耗、金属资源消耗和化石燃料消耗，见表 8-1。另外，为了比较中点影响类别的不同，并分析各中点影响类别对整个生命周期的影响，本章进一步

ReCiPe 环境影响类型 表 8-1

终点损害类型	中点类型指标	单位
人体健康（Human Health）	臭氧层消耗（Ozone Depletion）	kg CFC-11 Eq
	人体毒性（Human Toxicity）	kg 1，4-DB Eq
	电离辐射（Ionizing Radiation）	kBq U_{235} Eq
	光化学氧化（Pothochemical Oxidant Formation）	kg NMVOC
	颗粒物形成（Particulate Matter Formation）	kg PM_{10} Eq
	气候变化（Climate Change）	kg CO_2 Eq
生态系统（Ecosystems）	陆地酸化（Terrestrial Acidification）	kg SO_2 Eq
	淡水富营养化（Freshwater Eutrophication）	kg P Eq
	海洋富营养化（Marine Eutrophication）	kg N Eq
	陆地生态毒性（Terrestrial Ecotoxicity）	kg 1，4-DB Eq
	淡水生态毒性（Freshwater Ecotoxicity）	kg 1，4-DB Eq
	海洋生态毒性（Marine Ecotoxicity）	kg 1，4-DB Eq
	农业用地占用（Agricultural Land Occupation）	m^2a
	城市土地占用（Urban Land Occupation）	m^2a
	自然土地转变（Natural Land Transformation）	m^2
资源（Resources）	水资源消耗（Water Depletion）	m^2
	金属资源消耗（Metal Depletion）	kg Fe Eq
	化石燃料消耗（Fossil Depletion）	kg oil Eq

将释放到环境中的物质数量乘以其特征化因子来确定影响评价，进而评估每单位质量物质的潜在影响（例如 1kg CH_4=25kg CO_2 eq）。

8.3.3 综合效益分析方法

综合效益分析建立在海绵机场单项设施效应分析的基础上，选取绿色屋顶、下沉式绿地等一系列设施从功能、经济性、污染物去除率、景观效果等四个方面进行系统性解析，从而对北京大兴国际机场的综合效益进行定性描述。

8.4 机场效益分析结果

8.4.1 经济效益

1. 海绵机场的建设成本计算

经计算，建设海绵机场需增加工程建设费用为 19137 万元，占总工程费用的 0.54%，增加投资量极少（表 8-2）。

海绵机场工程建设费用 表 8-2

序号	工程项目名称	海绵设施费用（万元）	总工程费用（万元）	海绵设施占比（%）
工作区			899508	0.98
1	雨洪利用工程	6912		
2	雨水管理中心	1875		
飞行区			1441098	0.71
1	1 号飞机除冰车库小区工程	3841		
2	2 号飞机除冰车库小区	3819		
3	机坪油水分离系统	2690		
航站区			1200810	0.25
1	雨水调蓄回用系统	2997		
合计		19137	3544413	0.54

对于维护成本，有关研究通常采用初始成本的百分比来确定，一般设备维护费用大约占设备总值的 2%~3%。而根据调查，对于绿色屋顶、透水铺装和植草沟等一般的海绵设施，其年度维护成本分别为原初始成本的 5%、4% 和 2%。基于上述数据，海绵机场的年度维护成本取原初始成本的 4%。根据一般工程经验及有关文献，设置 30 年为生命期，基准收益率和通胀率分别取为 5% 和 3%。通过计算，海绵机场建设的全生命周期成本为 36419.16 万元。

2. 海绵机场的直接经济效益

海绵机场的建设构建了机场立体排水防涝工程体系，有效降低机场内涝风险，减少由此带来的经济损失。同时还有效缓解了环境资源与机场发展之间的矛盾，海绵设施实现了对雨水的综合管理，在保障北京大兴国际机场排水防涝安全的基础上，减少场内雨水径流污染，减轻水体污染负荷，降低水环境污染末端治理设施的运行和维护费用。此外还促进本地雨水资源化利用，减少对南水北调水资源的需求，整体而言具有显著的经济效益。

（1）年减少洪涝灾害损失：机场区城 GDP（粗略估算为 7200 万人次 / 年 × 人均相关消费 1500 元）× 我国洪涝灾害损失占 CDP 平均比例 0.5% × 内涝防治标准 50 年一遇 1/50=1080 万元。

（2）年增加雨水资源利用量收益：区域内年雨水总调蓄量 270 万 m^3 × 原水水价 3.64 元 /m^3= 982.8 万元。

（3）年减少污水量收益：多年平均降雨 546.2mm × 区域总面积 27.5km^2 × 城市区城径流系数 0.7 × 径流污染削减率 68% × 污水处理费 1.36 元 /m^3=972. 37 万元。

假设海绵机场中相关设施发挥作用的年限为 30 年，则总产出经济效益为：（1080+982.8+972.37）× 30=91055.18 万元，减去海绵建设投入的工程费用 36419.16 万元，从海绵设施使用全寿命周期看，总经济效益为 54636.02 万元。

3. 海绵机场的间接经济效益

北京大兴国际机场作为国家“十二五”及“十三五”规划重点建设项目和京津冀一体化的重要交通节点，以北京大兴国际机场为核心的临空经济区，不仅可以推动京津冀三地的经济发展，还对京津冀一体化协同发展发挥重要作用。北京大兴国际机场海绵机场建设的实施，具体显著的间接经济效益。

海绵机场的建设构建了机场立体排水防涝工程体系，能够有效降低市政设施管理、运营、维护和应急救援等成本。海绵机场通过合理运用低影响开发技术进行适宜的生态化设施的源头建设，有效缓解了地下水位漏斗下降的扩展趋势，降低对可能发生的地质灾害的治理费用。超标雨水径流排放 / 调蓄系统的构建有效降低了城市地下雨水管渠系统的规模，减少了给水排水管道施工的工程量，降低机场市政设施建设及运营维护费用。低影响措施的实施也有效减少了汇水区域的雨水外排流量，从而减轻河道行洪压力，进而节省河道整治和拓宽费用。此外，北京大兴国际机场航站楼比同等规模的机场航站楼能耗降低 20%，每年可减少二氧化碳排放 2.2 万 t，相当于种植 119 万棵树。

8.4.2 环境效益

通过“海绵机场”的建设，北京大兴国际机场取得了良好的生态、景观效果，达到了建设“绿色、生态、安全、智慧”海绵机场的总体目标，实现了社会、经济、环境效益最大化。根据北京大兴国际机场绿色建设指标体系要求，海绵机场的建设区域内雨水收集 100%、回渗率大于 40%、污水处理率 100%、雨污分流 100%、除冰液回收率 100% 的设计目标。

1. 定量化环境影响分析

（1）生命周期影响评价特征化及归一化

根据现有的资料，对海绵机场的生命清单数据进行生命周期评价特征化计算，量化海绵机场各个环境影响类型指标。在特征化结果的基础上，除以影响类别指标的“基准值”（2000 年全球人均环境影响值），实现归一化处理。归一化结果用来表示环境影响在同类影响因素中所占的比例，即重要性顺序。

（2）损害分析

为了进一步简化解释，对环境影响终点值进行损害评估。18 个影响类别分成 3 类：人体健康（Human Health）、生态系统（Ecosystems）和资源（Resources）。最终，将所得计算值与现有某研究中的国内某海绵系统对应计算值进行对比，比实现更合理的评估并挖掘更多信息，为增加结果的可比性，折算成单位汇水面积的相关影响进行对比。表 8-3 为分组后的环境影响分析特征化结果，表 8-4 为分组后的环境影响分析归一化结果。

环境影响分析特征化结果 表 8-3

损害类别	单位（km^2）	海绵机场	重庆某海绵系统
人体健康	DALY	6.41	7.2
生态系统	Species · year	22.89	0.27
资源	美元	2.38×10^5	1.14×10^5

环境影响分析归一化结果 表 8-4

损害类别	海绵机场	重庆某海绵系统
人体健康	1.02×10^{-5}	528
生态系统	1.93×10^{-9}	29.7
资源	4.60×10^{-6}	466

见表 8-3，人类健康损害以“DALY”（伤残调整生命年，Disability Adjusted Life Years）为单位，其意义为从发病到死亡所损失的全部健康寿命年，包括因早死所致的寿命损失年和伤残所致的健康寿命损失年两部分。对于海绵机场而言，1 年内 1km^2 机场对人类健康造成的影响为 6.41DALY。生态系统损害关系到物种多样性，其单位为“Species. year”，代表一定时间内可能会产生影响导致消失的物种数量。北京大兴国际机场计算的生态系统损害为 22.89 Species. year。资源损害为排水系统在全生命周期过程中造成的资源损失折合的美元价格。1 年内 1km^2 机场造成的资源损害为 2.38×10^5 美元。从损害评估结果可以看出，海绵机场系统对于人类健康的影响优于国内某海绵系统。而将危害评估进行归一化后，由表 8-4 可以看出，两个系统对人类健康造成的影响最大，其次是资源和生态系统。

海绵机场所在区域土地类型除地面建设用地外，大部分为已开垦的农田或林地，小部分为沙荒地。该地区野生植物资源稀少,更无国家和地方保护珍稀野生植物。除一些小型动物外，也没有大型受国家或地方保护的哺乳类动物，鸟类均为当地广布种。因此，机场区域野生动植物资源不丰富，机场建设对其影响不明显，对其构成的生态环境影响也不明显。此外，在资源损耗方面，考虑机场每年在绿化节水方面带来的可观的经济效益，资源损耗相对来说也并不明显。因此，海绵机场系统在权重显著较大的环境影响因子方面体现了优势，海绵机场的雨洪管理设计在环境综合影响方面，产生的综合负效应与现有国内某海绵城市系统基本持平，而对于相对权重最大人类健康的影响优于国内某海绵系统，这体现了机场设计的先进性。

2. 多维度环境效益分析

（1）水安全方面

北京大兴国际机场总体规划中雨水系统规划确定场内一般区域雨水管渠设计降雨重现期 P=5 年。航站区采用独立雨水系统，雨水管渠设计降雨重现期 P=10 年。通过海绵体系控制措施的综合作用，北京大兴国际机场已具备综合应对 50 年一遇超标降雨的防内涝能力。

（2）水生态方面

海绵机场的构建利于修复机场水生态环境，实现雨水的自然积存、自然渗透、自然净化和可持续水循环，从而维护北京大兴国际机场良好的生态功能。通过北京大兴国际机场海绵系统综合建设，包括雨污水管网分流、水系生态治理及雨水资源化利用等重要工程，年径流总量控制率可达 85%。同时，北京大兴国际机场内河湖等雨水滞蓄容积明显增加，水域面积进一步扩大。在对河道、景观湖、湿地、坑塘、沟渠等水系进行保护和利用的同时，建设与园林绿地和景观水体相结合的适宜生态化设施，如植草沟、雨水花园、雨水塘、多功能调蓄水体等，达到了地下水回补、净化水质、提升环境质量等目的，基本实现了“净增成本”低、综合效益好的结果。同时机场内滞洪区也改善了局部热岛效应，调节小气候，降低夏季大气温度。此外，机场海绵系统还可为水生植物、动物提供良好的栖息地，有利于正常水生态系统的维护和生物多样性的保持。

（3）水环境方面

海绵机场雨水系统的建设，实现了对初雨径流污染有效控制。通过结合雨污水管网的分流和河道生态整治，以及雨水湿地等末端净化设施的建设，从“源头—中途—末端”系统改善了区内地表水环境，提高水生态系统的自然修复能力。

同时，海绵设施有效控制了径流污染，流入明渠、景观湖等河道沟渠的雨水水质得到一定程度的改善，最大限度地削减飞行区轮胎磨损、石油燃料等雨水径流污染负荷，达到控制面源污染的目的。机场海绵设施以 80% 的 SS 平均去除率计，由“年 SS 总量削减率 = 年径流总量控制率 × 低影响开发设施对 SS 的平均削减率”估算海绵机场年 SS 总量削减率，得到海绵机场建设削减机场区域年径流总污染达 68% 以上。

（4）水资源方面

北京是严重缺水城市，污水深度处理并作为再生资源是缓解水资源短缺的重要措施，同时雨水污染程度轻，处理成本相对较低，是再生水的优质水源。

通过海绵机场建设，实现对雨水的“渗、滞、蓄”综合管理，达到年径流总量控制率不小于 85% 的目标，可补充地下水资源，有效控制地下水位下降趋势，维持正常的自然水文循环，缓解水资源短缺状况。对航站楼、停车楼、大型办公楼、宾馆等大型公用建筑等屋面及地面雨水，经收集和一定处理后，除用于土地渗入补充地下水，还可用于景观环境、绿化、洗车场用水、道路冲洗、冷却水补充、冲厕及一些其他生活用水用途，当再生水盈余时将其排入场内景观河湖，可节约大量水资源。此外，机场通过雨水罐、调蓄水体及初雨净化设施等的建设，雨水滞蓄量明显增加。经过指标分解及初步计算，机场调蓄容积约为 270 万 m^3。

8.4.3　综合效益

建设海绵机场是生态文明建设的重要内容，是实现北京大兴国际机场生态化和环境资源协调发展的重要体现。通过采用工程和非工程措施提高低影响开发设施的建设质量和管理水平，为保障北京大兴国际机场安全、维护社会稳定、改善人居环境和促进社会经济环境持续发展起到积极的作用。各单项措施综合效益系统定性分析结果见表 8-5。

海绵城市单项措施综合效益定性分析表　　表 8-5

单项设施	功能					经济性		污染物去除率（以 SS 计，%）	景观效果
	集蓄利用雨水	补充地下水	削减峰值流量	净化雨水	转输	建造费用	维护费用		
透水砖铺装	○	●	◎	◎	○	低	低	80~90	—
透水水泥混凝土	○	○	◎	◎	○	高	中	80~90	—
透水沥青混凝土	○	○	◎	◎	○	高	中	80~90	—
绿色屋顶	○	○	◎	◎	○	高	中	70~80	好
下沉式绿地	○	●	◎	◎	○	低	低	—	一般
简易型生物滞留设施	○	●	◎	◎	○	低	低	—	好
复杂型生物滞留设施	○	●	◎	●	○	中	低	70~95	好
渗透塘	○	●	◎	◎	○	中	中	70~80	一般
渗井	○	●	◎	◎	○	低	低	—	—
湿塘	●	○	●	◎	○	高	中	50~80	好
雨水湿地	●	○	●	●	○	高	中	50~80	好
蓄水池	●	○	◎	◎	○	高	中	80~90	—
雨水罐	●	○	◎	◎	○	低	低	80~90	—
调节塘	○	○	●	◎	○	高	中	—	一般
调节池	○	○	●	○	○	高	中	—	—
转输型植草沟	◎	○	○	◎	●	低	低	35~90	一般

续表

单项设施	功能					经济性		污染物去除率（以SS计，%）	景观效果
	集蓄利用雨水	补充地下水	削减峰值流量	净化雨水	转输	建造费用	维护费用		
干式植草沟	○	●	○	◎	●	低	低	35~90	好
湿式植草沟	○	○	○	●	●	中	低	—	好
渗管/渠	○	◎	○	○	●	中	中	35~70	—
植被缓冲带	○	○	○	●	—	低	低	50~75	一般
初期雨水弃流设施	◎	○	○	●	—	低	中	40~60	—
人工土壤渗滤	●	○	○	●	—	高	中	75~95	好

注：1. ●——强；◎——较强；○——弱或很小。
2. SS去除率数据来自美国流域保护中心（Center for Watershed Protection，CWP）。

1. 保障北京大兴国际机场安全

北京大兴国际机场以保护人民生命财产安全和社会经济安全为出发点，通过构建“海绵机场”系统，增强了机场对雨水的综合管理能力，提升北京大兴国际机场市政公用设施管理水平。其次，北京大兴国际机场通过构建完善的防洪体系，使防洪标准提高到100年一遇，航站楼等重要建筑物防洪标准按200年一遇洪水设防，切实提高机场对洪水的安全防御能力。同时，通过建设雨水管渠系统、超标雨水径流排放/调蓄系统及低影响开发雨水系统，建立起机场立体排水防涝工程体系，对消除安全隐患、降低内涝风险、增强防灾减灾能力起到积极的作用。

2. 改善出行环境

海绵机场的建设将滨水景观与机场防洪排涝有效结合，促进了人水和谐的生态文明建设，极大改善了旅客出行环境。通过海绵机场的实施，改善了机场生态系统，美化了机场景观环境，极大地满足了广大旅客对高品质公共休憩空间的需求，实现了建设自然积存、自然渗透、自然净化的海绵绿色机场愿景。

通过对海绵机场的建设，提高了北京大兴国际机场的形象，优化了生态环境，实现了建设自然积存、自然渗透、自然净化的海绵绿色机场的愿景，对北京市的经济发展发挥了重要作用。

附录　控制规划层面指标分解结果

地块编号	用地规模（m^2）	建筑密度（%）	绿地率（%）	道路比例（%）	控制率（%）	下凹式绿地率（%）	透水铺装率（%）	地块调蓄容积（m^3）	备注
B-01-01	57954.0	27	52	21	90	50	70	993.4	排水设施
B-01-02	9675.0	33	44	23	90	50	70	189.0	环卫设施
B-01-03	6603.0	27	15	57	90	50	70	160.6	供燃气
B-01-04	7392.1	0	100	0	95	50	70	31.9	绿地
B-02-01	13500.0	40	30	30	90	50	70	314.1	飞行辅助设施
B-02-02	126229.5	0	0	0	100	50	70	0.0	水域
B-02-03	3732.5	40	30	30	90	50	70	86.9	排水设施
B-02-04	7248.0	0	100	0	95	50	70	31.3	绿地
B-02-05	43309.0	0	0	0	100	50	70	0.0	水域
W-01-01	8710.0	0	30	70	95	50	70	204.1	社会停车场
W-01-02	25931.8	40	30	30	85	50	70	477.0	业务培训
W-01-03	161173.6	80	5	15	80	50	70	3547.5	机务维修
W-01-04	189826.6	80	5	15	80	50	70	4178.2	机务维修
W-01-05	125381.0	80	5	15	80	50	70	2759.7	机务维修
W-02-01	8522.4	50	30	20	90	50	70	211.0	待深入研究
Y-01-01	60126.9	50	30	20	90	50	70	1488.5	
Y-02-01	57506.1	50	30	20	90	50	70	1423.6	
Y-03-03	2000.0	80	10	10	80	50	70	42.7	飞行辅助设施
A-01-01	56028.8	67	12	21	80	50	70	1114.5	生产辅助设施
A-02-01	103680.9	80	5	15	90	50	70	3552.7	生产辅助设施
A-03-01	78786.7	80	5	15	90	50	70	2699.7	生产辅助设施
A-03-02	4158.8	20	30	50	90	50	70	84.4	待深入研究
C-01-01	76067.1	0	20	80	90	50	70	1470.9	社会停车场
C-02-01	25675.0	0	100	0	95	50	70	110.7	多功能
C-03-01	63847.1	0	20	80	90	50	70	1234.6	社会停车场
C-03-02	8170.0	0	30	70	95	50	70	191.4	地面公共交通场站
C-03-03	4050.0	40	30	30	90	50	70	94.2	待深入研究
D-01-01	47750.0	41	30	29	90	50	70	1115.2	消防救援设施

续表

地块编号	用地规模（m^2）	建筑密度（%）	绿地率（%）	道路比例（%）	控制率（%）	下凹式绿地率（%）	透水铺装率（%）	地块调蓄容积（m^3）	备注
D-01-02	32960.0	34	30	36	90	50	70	739.6	行政设施
D-02-01	33333.8	42	30	28	90	50	70	786.3	行政设施
D-02-02	40202.0	40	30	30	90	50	70	935.5	行政设施
D-02-03	4950.0	40	30	30	90	50	70	115.2	行政设施
E-01-01	17555.0	40	30	30	90	50	70	408.5	待深入研究
E-01-02	1000.0	0	100	0	95	50	70	4.3	绿地
E-02-01	8975.0	40	30	30	90	50	70	208.8	待深入研究
E-02-02	8975.0	40	30	30	90	50	70	208.8	待深入研究
E-03-01	17555.0	40	30	30	90	50	70	408.5	待深入研究
E-03-02	1000.0	0	100	0	95	50	70	4.3	绿地
E-04-01	17950.0	40	30	30	90	50	70	417.7	待深入研究
E-05-01	18407.5	40	30	30	90	50	70	428.3	待深入研究
E-05-02	1100.0	0	100	0	95	50	70	4.7	绿地
E-05-03	8425.0	0	0	0	100	50	70	0.0	水域
E-06-01	17450.6	40	30	30	90	50	70	406.1	待深入研究
E-06-02	8150.0	0	0	0	100	50	70	0.0	水域
E-07-01	48650.0	0	100	0	95	50	70	209.8	多功能
E-07-02	6400.0	0	0	0	100	50	70	0.0	水域
F-01-01	8975.0	40	30	30	90	50	70	208.8	待深入研究
F-01-02	8975.0	40	30	30	90	50	70	208.8	待深入研究
F-02-01	1000.0	0	100	0	95	50	70	4.3	绿地
F-02-02	17555.0	40	30	30	90	50	70	408.5	行政设施
F-03-01	17950.0	40	30	30	90	50	70	417.7	行政设施
F-04-01	1000.0	0	100	0	95	50	70	4.3	绿地
F-04-02	16130.6	40	30	30	90	50	70	375.3	行政设施
F-05-01	18875.0	40	30	30	90	50	70	439.2	行政设施
F-05-02	8150.0	0	0	0	100	50	70	0.0	水域
F-06-01	1100.0	0	100	0	95	50	70	4.7	绿地
F-06-02	18407.5	40	30	30	90	50	70	428.3	行政设施
F-06-03	8425.0	0	0	0	100	50	70	0.0	水域
G-01-01	64510.0	38	32	30	90	50	70	1448.6	后勤设施
G-02-01	31187.6	40	30	30	90	50	70	725.7	后勤设施
G-02-02	35900.5	40	30	30	90	50	70	835.4	后勤设施
G-03-01	59217.5	40	30	30	90	50	70	1377.9	后勤设施
G-03-02	17875.0	0	0	0	100	50	70	0.0	水域
G-04-01	64530.8	40	30	30	90	50	70	1501.6	后勤设施
G-04-02	19959.8	0	0	0	100	50	70	0.0	水域
H-01-01	396233.2	0	100	0	100	50	70	0.0	蓄滞洪区
I-01-01	24649.6	9	63	29	95	50	70	437.0	供水

续表

地块编号	用地规模（m²）	建筑密度（%）	绿地率（%）	道路比例（%）	控制率（%）	下凹式绿地率（%）	透水铺装率（%）	地块调蓄容积（m³）	备注
I-01-02	1161.3	0	30	70	90	50	70	20.1	社会停车场
I-01-03	6120.0	40	30	30	90	50	70	142.4	供电
I-01-04	12060.0	40	30	30	90	50	70	280.6	待深入研究
I-02-01	80916.4	0	30	70	95	50	70	1896.0	地面公共交通场站
I-02-02	5816.7	33	32	35	90	50	70	150.8	行政设施
J-01-01	20765.0	40	30	30	90	50	70	483.2	待深入研究
J-01-02	1200.0	0	100	0	95	50	70	5.2	绿地
J-02-01	21250.0	40	30	30	90	50	70	494.5	待深入研究
J-03-01	20765.0	40	30	30	90	50	70	483.2	行政设施
J-03-02	1200.0	0	100	0	95	50	70	5.2	绿地
J-04-01	21250.0	40	30	30	95	50	70	669.0	行政设施
J-05-01	19962.5	40	30	30	95	50	70	628.4	行政设施
J-05-02	1150.0	0	100	0	95	50	70	5.0	绿地
J-06-01	20425.0	40	30	30	90	50	70	475.3	行政设施
J-07-01	59826.8	0	77	23	85	50	70	374.2	多功能
K-01-01	21250.0	40	30	30	90	50	70	494.5	行政设施
K-02-01	1200.0	0	100	0	95	50	70	5.2	绿地
K-02-02	20765.0	40	30	30	90	50	70	483.2	行政设施
K-03-01	20116.3	40	30	30	90	50	70	468.1	待深入研究
K-04-01	1200.0	0	100	0	95	50	70	5.2	绿地
K-04-02	20765.0	40	30	30	90	50	70	483.2	待深入研究
K-05-01	17071.1	40	30	30	90	50	70	397.2	待深入研究
K-06-01	1150.0	0	100	0	95	50	70	5.0	绿地
K-06-02	19962.5	40	30	30	90	50	70	464.5	待深入研究
N-01-01	24777.5	60	5	35	90	50	70	775.3	行政设施
N-01-02	1450.0	0	100	0	95	50	70	6.3	绿地
N-02-01	21980.2	40	30	30	90	50	70	511.5	行政设施
N-03-01	19647.8	40	30	30	90	50	70	457.2	后勤设施
N-03-02	1658.6	0	100	0	95	50	70	7.2	绿地
N-04-01	25394.1	40	30	30	90	50	70	590.9	行政设施
N-05-01	75506.6	0	77	23	85	50	70	472.3	多功能
O-01-01	17600.0	40	30	30	90	50	70	409.5	待深入研究
O-02-01	1450.0	0	100	0	95	50	70	6.3	绿地
O-02-02	23353.1	36	35	29	90	50	70	507.3	行政设施
O-03-01	18840.5	40	30	30	90	50	70	438.4	行政设施
O-04-01	1658.6	0	100	0	95	50	70	7.2	绿地
O-04-02	19647.8	40	30	30	90	50	70	457.2	后勤设施
L-01-01	42460.0	40	30	30	90	50	70	988.0	行政设施
L-01-02	24220.6	30	61	9	95	50	70	437.6	行政设施

续表

地块编号	用地规模（m^2）	建筑密度（%）	绿地率（%）	道路比例（%）	控制率（%）	下凹式绿地率（%）	透水铺装率（%）	地块调蓄容积（m^3）	备注
L-02-01	40182.5	40	30	30	90	50	70	935.0	电信
L-02-02	33315.0	40	30	30	90	50	70	775.2	待深入研究
M-01-01	8560.0	70	20	10	90	50	70	254.7	供电
M-01-02	25701.3	40	30	30	90	50	70	598.0	待深入研究
M-01-03	46667.7	40	30	30	90	50	70	1085.9	行政设施
M-02-01	41138.8	70	5	25	85	50	70	1066.1	生产辅助设施
P-01-01	18400.0	40	25	35	90	50	70	446.7	待深入研究
P-01-02	33486.1	40	25	35	90	50	70	813.0	待深入研究
P-02-01	26956.3	40	25	35	90	50	70	654.4	待深入研究
H-02-01	88551.6	0	100	0	100	50	70	0.0	滞洪区
Z-01-01	840061.2	66	34	0	63	50	70	12116.0	航站楼
M-01-04	3057.3	40	30	30	90	50	70	71.1	待深入研究
H-01-02	5340.0	20	30	50	90	50	70	108.4	待深入研究
H-02-01	88551.6	0	100	0	100	50	70	0.0	蓄滞洪区
Q-01-01	23378.4	40	30	30	90	50	70	544.0	行政设施
Q-01-02	110670.0	40	30	30	90	50	70	2575.2	业务培训
Q-01-03	40897.5	0	100	0	95	50	70	176.4	绿地
Q-02-01	58300.0	24	22	54	90	50	70	1316.8	供热
Q-03-01	188646.1	40	30	30	90	50	70	4389.6	输油设施
Q-04-01	25770.0	36	30	34	90	50	70	583.5	生产辅助设施
Q-04-02	93000.6	60	5	35	75	50	70	1561.2	货运
T-01-01	55890.9	70	5	25	75	50	70	982.8	货运
T-02-01	435990.0	70	5	25	75	50	70	7666.7	货运
T-02-02	16060.0	60	5	35	75	50	70	269.6	行政设施
T-03-01	838318.5	39	6	55	75	50	70	12572.7	货运
T-04-01	6700.0	50	30	20	90	50	70	165.9	待深入研究
T-04-02	18000.0	50	30	20	90	50	70	445.6	待深入研究
T-04-03	13250.0	70	5	25	80	50	70	279.0	货运
Y-04-01	36931.5	0	5	95	85	50	70	653.0	飞行辅助设施
Z-03-01	57011.9	30	40	30	95	50	70	1524.4	生产辅助设施
Z-02-01	424640.7	8	5	87	85	50	70	7881.0	区域综合交通枢纽
Y-03-02	4357.3	40	30	30	90	50	70	101.4	飞行辅助设施
Y-03-04	6622.0	40	30	30	90	50	70	154.1	飞行辅助设施
Y-03-05	33000.0	40	30	30	90	50	70	767.9	飞行辅助设施
Y-03-01	17934435.3	0	24	76	87	50	0	484926.3	飞行跑道

主要参考文献

[1] 蒋作舟，高金华，宿百岩．航空百年民用机场的建设和发展 [J]. 中国民用航空，2003（11）：18–21.

[2] 李琦．机场 运区的规划设计 [J]. 工业建筑，2012，42（10）：18–20.

[3] 冯正霖．创新民航发展思路 推进民航强国建设．2017.

[4] 沈晓钟．关于“十三五”规划有关问题的思考 [J]. 重庆经济，2014，000（004）：4–6.

[5] 中国民航局．中国民航四型机场建设行动纲要（2020–2035 年）2020.

[6] 赵民合．我国民航机场建设情况分析 [J]. 中国民用航空，2012（10）：10，12.

[7] 袁道伟，关道明，张燕等．海洋环境影响报告书质量评估初探 [J]. 海洋环境科学，2011，30（03）：440–442.

[8] 陈洪升．“飞机来了”航空科普展示活动 [J]. 航空模型，2014（7）：9.

[9] 欧阳杰，李朋．基于低影响开发的机场雨水管理系统架构研究 [J]. 给水排水，2017，53（S1）：27–29.

[10] Mcbean E，Huang G，Yang A，et al. The Effectiveness of Exfiltration Technology to Support Sponge City Objectives[J]. Water，2019，11（4）：723.

[11] Nguyen T T，Ngo H H，Guo W，et al. Implementation of a Specific Urban Water Management–Sponge City[J]. Ence of The Total Environment，2018，652.

[12] Zhang Su D，Q. H.，Ngo，H. H.，Dzakpasu，et al. Development of a water cycle management approach to Sponge City construction in Xi'an，China[J]. The Science of the Total Environment，2019，685（OCT.1）：490–496.

[13] J. S. Gulliver，J.L. Anderson. Assessment of Stormwater Best Management Practices. Practices Assessment Project. 2008.

[14] 车伍，赵杨，李俊奇等．海绵城市建设指南解读之基本概念与综合目标 [J]. 中国给水排水，2015，31（08）：1–5.

[15] 晋存田，赵树旗，闫肖丽等．透水砖和下凹式绿地对城市雨洪的影响 [J]. 中国给水排水，2010，26（01）：40–42，46.

[16] 苏义敬．城市绿地雨洪控制利用关键技术及雨水系统布局优化研究 [D]. 北京建筑大学，2014.

[17] 陈宏亮．基于低影响开发的城市道路雨水系统衔接关系研究 [D]. 北京建筑大学，2013.

[18] 周忠发．北京新机场 C 型柱弹塑性承载力分析 [C]. 中国建筑科学研究院、中国土木工程学会桥梁及结构工程分会空间结构委员会．第十六届空间结构学术会议论文集．中国建筑科学研究院、中国土木工程学会桥梁及结构工程分会空间结构委员会：中国土木工程学会桥梁及结构工程分会空间结构委员会，2016：826–836.

[19] 王家磊．某机场工程回填建筑垃圾冲击碾压试验研究 [J]. 四川水泥，2016（10）：69–70.

[20] 赵世坤．机场大面积复杂地基处理实例分析 [J]. 工程技术（引文版），2016（12）：00064–00065.

[21] 北京大兴国际机场正式通航 [J]. 空运商务，2019（10）：7–8.

[22] 任圆，孟瑞明，罗凯等．水敏感区域雨水系统构建——以北京新机场为例 [J]. 给水排水，2017，53（09）：28–32.

[23] 张险峰，扈茗，欧阳鹏．京津冀协同发展背景下的二级城市空间战略应对——以保定市为例 [J]. 城市建筑，2018（03）：34–39.

[24] 李作聚，陈伊菲，苗红．京津冀协同发展下的高职物流管理人才培养模式构建 [J]. 北京财贸职业学院学报，2016，32（05）：52–56.
[25] 陈梵驿，杨新湼，翟文鹏等．基于决策树 C4.5 算法的京津冀机场群航线网络优化 [J]. 中国科技论文，2017，12（07）：798–801.
[26] 杨永华．首都新机场建设与新航城战略规划发展研究 [J]. 科技与企业，2012（21）：4–5.
[27] 庞冬阳，王路兵，赵兵等．北京大兴国际机场市政给水工程建设 [J]. 中小企业管理与科技（中旬刊），2019（08）：142–143.
[28] 吴常军．绿色建筑给排水设计探讨 [J]. 工程与建设，2015，29（01）：46–47、50.
[29] 吕红霞，王超，刘心远等．北京永定河防汛问题分析与对策 [J]. 中国水利，2018（05）：40–41.
[30] 葛惟江，宋肖肖，路海峰．海绵机场建设的实践——以北京新机场为例 [J]. 中国勘察设计，2015（07）：56–59.
[31] 刘金国．下穿京九铁路超宽顶进式排水框架桥的设计与实践 [J]. 铁道标准设计，2017，61（10）：79–84.
[32] 北京新机场水利工程建设处．环境影响评价报告公示：北京新机场防洪工程项目环评报告．2017.
[33] 车伍，赵杨，李俊奇等．海绵城市建设指南解读之基本概念与综合目标 [J]. 中国给水排水，2015，31（08）：1–5.
[34] 李俊奇．海绵城市是城市建设可持续发展的重要方式 [N]. 中国建设报，2015–11–12（006）.
[35] 叶超凡，张一驰，程维明等．北京市区快速城市化进程中的内涝现状及成因分析 [J]. 中国防汛抗旱，2018，28（02）：19–25.
[36] 袁业飞．“绿”与“灰”的抉择 海绵城市的理念探索 [J]. 中华建设，2016（12）：6–10.
[37] 张琳．浅谈城市排水防涝数字信息化管控平台建设 [J]. 科技创新导报，2018，15（26）：143–144.
[38] 曾金花．基于绿色基础设施建设海绵城市 [J]. 科技资讯，2016，14（36）：137–138.
[39] 徐军库．智慧机场在北京新机场的建设与实践 [J]. 民航管理，2017（10）：17–23.
[40] 鲁长安，占令．试论海绵城市的绿色要义 [J]. 成都工业学院学报，2016，19（03）：37–40.
[41] 曲魁．北方地区高速公路景观设计中“海绵城市”技术应用分析 [J]. 市政技术，2016，34（06）：34–36.
[42] 陈彦熹，李旭东，刘建华等．建筑小区海绵城市流量径流系数计算模型研究 [J]. 给水排水，2018，54（12）：77–81.
[43] 彭常武．海绵城市理论下的立交排水设计 [J]. 住宅与房地产，2018（16）：56+82.
[44] 张韵．海绵机场——北京新机场设计 [J]. 中国防汛抗旱，2018，28（02）：26.
[45] 武建奎．北方产业园区海绵城市建设指标体系研究 [J]. 山西建筑，2017，43（27）：99–100.
[46] 任圆，孟瑞明，罗凯等．水敏感区域雨水系统构建——以北京新机场为例 [J]. 给水排水，2017，53（09）：28–32.
[47] 刘洪涛，李艳芳，石时．透水性路面与普通路面的生命周期评价 [J]. 城市问题，2017（05）：52–57.
[48] 李铮，段然，刘亚原等．海绵城市理论在绿色设计中的贡献——以宿迁桥头公园项目为例 [J]. 给水排水，2017，53（01）：103–106.
[49] 许杰玉，毛磊，熊锋等．基于“海绵城市”理论的城市雨水资源利用规划研究——以山东省曲阜市为例 [J]. 国土与自然资源研究，2016（05）：38–41.
[50] 曹安宁．低影响开发在城市道路工程中的应用 [J]. 建材与装饰，2016（42）：242–243.
[51] 陈世杰，宫永伟，李俊奇等．北京市某车辆段雨洪控制利用方案模拟评估及优化 [J]. 给水排水，2016，52（06）：42–47.
[52] 任毅，周倩倩，李冬梅等．呼和浩特市大排水系统的构建规划与评估研究 [J]. 人民珠江，2015，36（04）：25–28.
[53] 肖莉．依托海绵城市建设推进城镇生态文明建设 [J]. 建设科技，2015（13）：11–12，15.
[54] 车伍，赵杨，李俊奇等．海绵城市建设指南解读之基本概念与综合目标 [J]. 中国给水排水，2015，31（08）：1–5.
[55] 王文亮，李俊奇，车伍等．海绵城市建设指南解读之城市径流总量控制指标 [J]. 中国给水排水，2015，31（08）：18–23.

[56] 章文晟 . 上海市道路下立交防汛能力评估及改进方案 [J]. 中国防汛抗旱，2015，25（01）：88-90.
[57] 张宏颖 . 建设场地竖向设计简述 [J]. 甘肃科技，2010，26（22）：149-152.
[58] 李朋 . 海绵机场雨水系统的技术框架研究 [D]. 中国民航大学，2018.
[59] 钟君道 . PDS 防护虹吸排水收集系统探析 [J]. 安徽建筑，2019，26（12）：209-210.
[60] 江耀东 . 机场除冰机位调度方法研究 [D]. 华中科技大学，2019.
[61] 王思铭，罗春艳，姚忠宝等 . 浅谈“智能型”水肥药一体化技术 [J]. 科技风，2020（06）：19.
[62] 胡晓静，钱慧敏，曲洪建 . 物流企业“智慧 + 共享”模式研究 [J]. 东华大学学报（自然科学版），2020，46（01）：156-162.
[63] Freeling Finnian，Scheurer Marco，Sandholzer Anna，et al. Under the Radar-Exceptionally High Environmental Concentrations of the High Production Volume Chemical Sulfamic Acid in the Urban Water Cycle[J]. Water Research，2020，175.
[64] 宋晓猛，张建云，贺瑞敏等 . 北京城市洪涝问题与成因分析 [J]. 水科学进展，2019，30（02）：153-165.
[65] 徐宗学，程涛 . 城市水管理与海绵城市建设之理论基础——城市水文学研究进展 [J]. 水利学报，2019，50（01）：53-61.
[66] Koudelak Pavel，West Sue. Sewerage Network Modelling in Latvia，Use of InfoWorks CS and Storm Water Management Model 5 in Liepaja City[J]. Water and Environment Journal，2008，22（2）.
[67] Li Jiake，Zhang Bei，Mu Cong，et al. Simulation of the Hydrological and Environmental Effects of a Sponge City Based on MIKE FLOOD[J]. 2018，77（2）.
[68] Xu Te，Jia Haifeng，Wang Zheng，et al. SWMM-based Methodology for Block-scale LID-BMPs Planning Based on Site-scale Multi-objective Optimization：a Case Study in Tianjin[J]. Frontiers of Environmental Science & Engineering，2017，11（4）.
[69] 郑春华，翁献明，姜恺等 . 温州市从“数字排水”到“智慧排水”的思考与实践 [J]. 中国给水排水，2017，33（12）：30-35.
[70] 张盛楠，李震，王文琴等 . 基于 InfoWorks CS 的景观河道汛期暴雨调度研究 [J]. 供水技术，2017，11（02）：16-19.
[71] 谢刚 . 海绵城市网格智慧型雨水利用及管理系统原理和特点 [J]. 建设科技，2017（01）：24-26.
[72] 黄欣 . 闵行区智慧排水系统建设的探究 [J]. 上海水务，2016，32（04）：30-32，46.
[73] 林好斌，滕良方，奚卫红等 . 宁波市城市排水智能化运行管理系统设计及应用 [J]. 中国给水排水，2016，32（15）：122-125.
[74] 王春华，杨超，方适明等 . 基于“互联网 +”的排水智慧化管理研究及应用成效 [J]. 中国给水排水，2016，32（12）：30-33.
[75] 卢汉清，郭天盛，郭捷 . 宁波智慧排水体系构建及其发展探索 [J]. 给水排水，2016，52（01）：134-138.
[76] 梅钦，周玉文，王青瑜等 . 宁波鄞州区城市排水智慧管理系统架构设计探讨 [J]. 中国给水排水，2015，31（16）：30-33.
[77] 仵海燕 . 民用航空机场对城市和区域经济发展的影响 [J]. 现代经济信息，2019（14）：478.
[78] 汪耀武 . 湖北省咸宁市海绵城市建设研究 [J]. 九江学院学报（自然科学版），2018，33（01）：10-13.
[79] 任圆，孟瑞明，罗凯等 . 水敏感区域雨水系统构建——以北京新机场为例 [J]. 给水排水，2017，53（09）：28-32.
[80] 梁营科，陈家红，周志广等 . PPP 海绵城市建设中社会资本激励研究 [J]. 时代经贸，2017（12）：43-45.
[81] 刘俊杰，王建军，马小杰 . 云锦路下沉式绿地海绵城市效益分析 [J]. 中国市政工程，2016（02）：33-35，39，114.
[82] 舒安平，田露，王梦瑶，高小虎，于洋. 北京海绵城市雨水措施效益评估方法及案例分析 [J]. 给水排水，2018，54（03）：36-41.
[83] 梅超. 城市水文水动力耦合模型及其应用研究 [D]. 中国水利水电科学研究院，2019.

图书在版编目（CIP）数据

解密北京大兴国际机场海绵建设 / 杨京生等编著；《解密北京大兴国际机场海绵建设》编委会组织编写. -- 北京：中国建筑工业出版社，2020.11
（从海绵城市到海绵机场）
ISBN 978-7-112-25232-9

Ⅰ.①解… Ⅱ.①杨… ②解… Ⅲ.①国际机场—机场建设—大兴区 Ⅳ.①TU248.6

中国版本图书馆CIP数据核字（2020）第097643号

北京大兴国际机场首次将“海绵城市”理念融入机场规划设计、建设和运行管理之中，克服了不利地势、高硬化率、允许外排流量限制等一系列不利条件带来的水系统构建难题，建成了国内首座海绵机场示范工程。本书通过梳理我国机场建设历程并结合未来机场发展定位，以北京大兴国际机场海绵建设为案例，阐述海绵机场建设的起源与设计思路，系统介绍海绵机场的设计原则、控制策略、创新特点、智慧体系与总体效益等核心内容，以期为相关从业人员提供参考，为相关政策制定者、决策者和管理者提供有用信息。

责任编辑：王美铃
书籍设计：康　羽
责任校对：芦欣甜

从海绵城市到海绵机场
解密北京大兴国际机场海绵建设
本书编委会组织编写
杨京生　刘京艳　等　编著
*
中国建筑工业出版社出版、发行（北京海淀三里河路9号）
各地新华书店、建筑书店经销
北京雅盈中佳图文设计公司制版
北京富诚彩色印刷有限公司印刷
*
开本：880毫米×1230毫米　1/16　印张：$11^1/_2$　字数：265千字
2021年9月第一版　2021年9月第一次印刷
定价：150.00元
ISBN 978-7-112-25232-9
（36010）